Graswurzelinitiativen in Unternehmen: Ohne Auftrag – mit Erfolg!

Wie Veränderungen aus der Mitte des Unternehmens entstehen – und wie sie erfolgreich sein können

von
Sabine Kluge
und
Alexander Kluge

Verlag Franz Vahlen GmbH

ISBN Print: 978 3 8006 6370 5
ISBN ePDF: 978 3 8006 6371 2
ISBN ePub: 978 3 8006 6372 9

vahlen.de/nachhaltig

© 2020 Verlag Franz Vahlen GmbH, Wilhelmstr. 9, 80801 München
Satz: Fotosatz Buck
Zweikirchener Str. 7, 84036 Kumhausen
Druck und Bindung: Beltz Grafische Betriebe GmbH
Am Fliegerhorst 8, 99947 Bad Langensalza
Umschlaggestaltung: Ralph Zimmermann – Bureau Parapluie
Bildnachweis: © DenisNata – depositphotos.com

Gedruckt auf säurefreiem, alterungsbeständigem Papier
(hergestellt aus chlorfrei gebleichtem Zellstoff)

Inhalt

Vorwort der Autoren und Danksagung

Seit mehreren Jahren beschäftigt uns die wachsende Energie, die aus der Mitte von Unternehmen erwächst. So sind wir in den vergangenen Jahren vielfach dem Ruf von Graswurzel-Akteuren gefolgt, sie bei ihren Transformationsvorhaben zu unterstützen. Nicht selten gelang dies nur pro bono, weil es ohne formalen Auftrag kein Budget und ohne Budget in Unternehmen eigentlich kein Bewegen geben kann. Es lag uns also am Herzen zu helfen, aber auch zu verstehen, was die Beweggründe für Initiatoren waren und sind, diesen Kraftakt der „Extra-Meile", Konflikte und Widerstände auf sich zu nehmen; und so verstanden wir das Privileg des Teilens und Begleitens in den jeweiligen Organisationen als würdigen Lohn, denn die Beobachtung der jeweiligen Entwicklung haben wir als großes Lernfeld dankbar in Anspruch genommen.

Nicht alle der beschriebenen Graswurzelinitiativen haben wir begleitet, und nicht alle, die wir begleitet haben, konnten wir in diesem Buch in der gebotenen Offenheit beschreiben. Wir haben jedoch die aus unserer Sicht prominenten Beispiele herausgesucht, an denen sich die Mechanismen und Phasen einer Bewegung aus der Mitte besonders plastisch beschreiben lassen.

Danken möchten wir allen namentlich genannten und nicht genannten Graswurzel-Initiatoren – und ihren zahlreichen Mitstreitern in den jeweiligen Unternehmen, dafür, dass sie uns teilhaben ließen. Sie alle haben uns einen neuen Blick auf traditionelle Unternehmenskulturen gewährt, verbunden mit der Hoffnung, dass Veränderung von Organisationen heute aus vielen Richtungen kommen kann. Auch den Autoren, die hier mitgewirkt haben, möchten wir von Herzen für ihre wertvollen Perspektiven und Beiträge danken: Dr. Thomas Sattelberger, der als ehemaliger Personalvorstand der Telekom und heutiger Bundestagsabgeordneter einer der wortgewaltigen Streiter für eine andere Arbeitswelt ist, und Judith Muster, die es mit der Perspektive der Organisationssoziologie in der ihr eigenen, unverwechselbar einzigartigen, nüchternen Heiterkeit immer wieder vermag, uns auf den Boden der begrenzenden Realität zurückzuholen. Schließlich wäre dieses Buch nicht ohne unseren Begleiter Harald Willenbrock entstanden. Er fräste sich mit großer Geduld wieder und wieder durch unsere Ausführungen, ordnete

unsere Gedanken und Beobachtungen und hat so ganz wesentlich dazu beigetragen, dass unser Herzensprojekt nun in dieser Form vor Ihnen liegt.

Vorwort von Dr. Thomas Sattelberger, Mitglied des Deutschen Bundestages, ehemaliger Personalvorstand der Deutschen Telekom AG

Kein Wirtschaftswunder 2.0 ohne Graswurzel-Bewegungen

„Nach der Coronakrise braucht es das Wirtschaftswunder 2.0" so der Titel meines Gastkommentars mitten in der Corona-Krise im Frühjahr 2020 im Handelsblatt, dessen enorme Resonanz mich selbst dann doch überrascht hat.

Es scheint, als sei der Beitrag mit seiner Analyse und den daraus resultierenden Zukunftsperspektiven zur rechten Zeit erschienen. „Schon vor dieser Krise stand die Rezession vor der Tür, hatte Deutschland die niedrigste Innovatorenquote seit Beginn der KfW-Analysen 2002, erlebten Tausende Zombie-Unternehmen Scheinblüte wegen Niedrigstzinspolitik. Schon vor dieser Krise mangelte es der Automobilbranche an Transformation und der Gründerszene an Skalierung." – So meine schonungslose Analyse für das Handelsblatt.

Eine solche Krise braucht ein neues Hoffnungs-Narrativ. Mein Vorschlag: ein Wirtschaftswunder 2.0. Sieben Handlungsfelder sah und sehe ich dafür als besonders relevant an, einige davon haben eine hoffe Affinität zum Konzept der Graswurzelbewegungen in Unternehmen und auch auf gesellschaftlicher Ebene:

1. **Deep-Tech-Republik Deutschland.** Internet der Dinge, Künstliche Intelligenz, Biotech, Raumfahrt: unsere Zukunftsbranchen. Innovation und ihre Kommerzialisierung, das ist nicht die Domäne von Fraunhofer & Co. Da müssen jetzt Science Entrepreneurs, Start-ups und wagemutige Hidden Champions ran.

2. **Digitale Freiheitszonen.** Shenzhen ist um die Ecke: Frankreich, Polen, Großbritannien nutzen seit Jahrzehnten die Hebeleffekte von Hotspots und Free Enterprise Zones. Diese digitalen Freiheitszonen können die Wende bringen – durch Vernetzung von Start-ups, Spin-offs und innovativen Mittelständlern mit Hochschulen, Forschungs- und Transferzentren, Kommunen, Regionalentwicklern.

Start-ups wachsen so zu Scale-ups. Mittelständler transformieren so Geschäftsmodelle. Kommunen wandeln sich so zu E-Service-Anbietern für Bürger. Agil, unbürokratisch, steuerbegünstigt, innovativ.

3. **Systemrelevante Industrie wieder Made in Germany.** Puffer- und nahtlose globale Wertschöpfungsketten erweisen sich in der Krise als Mythos. Systemrelevante Teile unserer Wertschöpfung müssen wir renationalisieren oder europäisieren: Medizintechnik, Schutzausrüstung, Biotech, Nahrungsmittel, digitale Infrastruktur. Redundanz, um resilient zu werden.

4. **Antitrust & Small is beautiful.** Nach der Krise fressen die Großen die Kleinen. Jenseits bestehender digitaler Mono- und Oligopole drohen Übernahme- und Konzentrationswellen. Und dies ausgerechnet unseren ohnehin nicht reichlich gesäten Tech-Start-ups und -Mittelständlern. Jetzt hilft nur flexibles Kartellrecht, zumindest temporär. Einerseits bei Kooperationen zwischen Wettbewerbern (etwa bei Pharmaforschung und Entwicklung oder Sicherstellung der Daseinsvorsorge). Andererseits bei der Abwehr feindlicher Übernahmen mithilfe Weißer Ritter.

5. **New Deal für Deutschlands digitalen Hoover-Staudamm.** Deutschland hat stark entzündete Achillesfersen: Homeschooling, E-Health, E-Government, Homeoffice der öffentlichen Verwaltung. Der Staat muss jetzt als „prime customer" für Megadigitalisierungsprojekte agieren. Neben den allemal nötigen Infrastrukturprojekten, angefangen bei Brücken- und Schulrenovierungen. Hoover und Roosevelt haben uns das in der Great Depression vor 100 Jahren erfolgreich vorgemacht.

6. **Bildungsoffensive.** Den alten Bildungsmuff mit digitalem Zuckerguss zu überziehen, greift zu kurz. Nötig sind kluge hybride Lösungen, die Analog und Digital verknüpfen und soziale Durchlässigkeit fördern.
Wir müssen Bildung grundlegend neu denken. Sie ist heute viel zu oft Paukschule und Reproduktionsmaschine anstelle von Emanzipation und lebenslanger Berufsbefähigung. Gegenmittel: Summerhill 2.0 statt Nürnberger Trichter.

7. Mit New Work zur Entrepreneurial Society. Das ist weit mehr als Homeoffice und die damit verbundene individuelle Souveränität für abhängig Beschäftigte. Es bedeutet balancierte Freiheits- und Schutzrechte für Freelancer und die wachsende Crowdwork. Und es hat mit Agilität und moderner Sozialpartnerschaft zu tun. Sowie mit (im)materieller Mitarbeiterbeteiligung.

Wie einst bei Ludwig Erhards Wirtschaftswunder gehört die Zukunft wieder Unternehmern, Machern, Gründern. Frauen wie Männern. Nur dass sie heutzutage neues Wachstum in innovativen Ökosystemen, innerhalb wie zwischen Organisationen schaffen müssen. Ein solcher Sprung nach vorn muss Menschen emotional gewinnen – mit eben jenem Wirtschaftswunder 2.0.

Diese Veränderung stellt dabei auch das traditionelle Machtgefüge in Frage. Das ist im Prinzip keine neue Erkenntnis. Schon Manuel Castells diagnostizierte: „Die Verbindung der Eliten untereinander und die Segmentation und Desorganisation der Massen, dies scheint der Doppelmechanismus sozialer Herrschaft zu sein." Was wir heute in der Zeit von Vernetzung und damit verbunden an Dynamik der Veränderung erleben, zeigt den radikalen Wandel. Die Bewegungen aus der Mitte, die Graswurzeln, erhalten ein Instrument, das ihr Anliegen unterstützt: Die Macht der Netzwerke. Als noch radikalere Hypothese: Die Verhältnisse drehen sich vielleicht gerade – die Eliten dissoziieren sich, auch in den Sektoren (Politik, Wirtschaft, …), während die Graswurzeln Instrumente erhalten, die ihr Anliegen so weit unterstützen, dass sich Machtverhältnisse fundamental wandeln.

Nichts hat dies besser belegt als der Business-Of-War-Brief der Google-Mitarbeiter an ihren CEO Sundar Pichai. Ihr erfolgreicher Protest machte zweierlei deutlich: zum einen die Entfremdung zwischen dem Pentagon und dem Silicon Valley, zum anderen die Macht der Google-Graswurzel, die keine Tätigkeit von Google für das Pentagon akzeptieren wollte.

Gerade dieser Imperativ erfordert ein fundamentales Umdenken, eine Auflösung von „oben" und „unten" in Unternehmen – der Imitation feudaler Strukturen des vergangenen Jahrhunderts im Wirtschaftssystem. Nach 1945, die Welt lag in Trümmern, begann der Wiederaufbau, allerdings nach wie vor mit alten Schlüsselindustrien und Korporatismus. Doch lange schon wissen wir: Es müssen neue partizipative Ansätze her, um unsere Organisationen von innen heraus zu verändern. Denn, und auch das wird in der Krise deutlich, die Kraft aus der Mitte wird entscheidend sein, wenn Organisationen sich schneller denn je an ein „neues Normal" anpassen müssen.

Graswurzelinitiativen ermöglichen es, dass die Richtigen, nicht die Zuständigen den Unternehmenserfolg gestalten. Mündige Mitarbeiter fordern heute diese Form des demokratischen, konstruktiven Dialogs. Sie fordern eine andere Form der Unternehmensführung und Organisation.

Kluge Unternehmenslenker begreifen dies als Chance und verstecken sich nicht hinter sinnentleerten Regeln und Prozessen – sie öffnen den Raum für die Intelligenz aus der Mitte. Von Jack Welch, dem GE Manager mit der Eisenhand, lernten wir: Wenn die Geschwindigkeit außerhalb der Organisation höher ist als innen, ist das Ende nah. Aus dem vorliegenden Buch können wir schließen, dass das Ende ebenfalls naht, wenn Mitarbeiter aufhören zu (wider)-sprechen, zu streiten, zu kämpfen, ja ihre Existenz zu riskieren für „ihr" Unternehmen. Denn dann ist der letzte Funke Stolz, der letzte Tropfen Herzblut im hoffnungslosen „Dienst nach Vorschrift" und damit für die Erneuerung aus der eigenen Mitte versiegt.

Schon daher empfiehlt es sich, zarte Pflänzchen von Widerspruch und Kreativität aus der Mitte zu hegen, zu pflegen, auch wenn dies im Regelfall Irritation verbreitet und Anstrengung sowie ein Verlassen der Komfortzone aller erfordert – mithin die entscheidenden Anpassungskräfte des Wandels. Denn diese Energie liegt in viel zu vielen Unternehmen immer noch brach – eine Verschwendung, die sich Unternehmenslenker heute nicht mehr leisten können. Keine Frage, dass die dramatischen Ereignisse der Gegenwart mehr denn je zu schnellem Umdenken zwingen – aber auch zu schnellem Handeln.

Wie aber gelingt uns die Umsetzung? Meine für das neue Werk der Autoren und Transformationsexperten Alexander und Sabine Kluge nicht ganz irrelevante Hypothese dazu: Kein Wirtschaftswunder 2.0 ohne Graswurzel-Bewegungen in den Unternehmen und zwischen den Unternehmen. Gerade das Konzept der Digitalen Freiheitszonen braucht Fleisch und Blut, das heißt Enthusiasmus und Energie der lokalen bzw. regionalen Akteure.

Die Transformation braucht also auf verschiedenen Ebenen diese Transformations-Netzwerke jenseits des Tagesgeschäfts.

So weit, so gut. Und eigentlich auch nicht ganz neu – im besten Sinne! In unserem Buch „Das demokratische Unternehmen" formulierte ich vor fünf Jahren: „Wenn die deutschen Unternehmen den Weg zur Demokratisierung und des Kulturwandels gehen, können sie wieder innovationsfähiger werden, jenseits von Effizienz- und Rationalisierungsinnovationen. Ein demokratisches Unternehmen gewinnt an technologischer und sozialer Innovationskraft, weil technologische und soziale Innovationen wie Zwillinge sind." Die Notwendigkeit des Gleichschwungs von technologischer und sozialer Innovationskraft ist mehr denn je mein Mantra. Vielleicht ist die Corona-Krise jetzt der Katalysator, der den nachhaltigen Wandel hervorbringt.

Dann hätte der Schrecken der Pandemie am Ende doch noch etwas Positives. Auf jeden Fall ist es wertvoll, dass die Kluges als frühe Pioniere der Graswurzel-Bewegungen und der Netzwerk-Ökonomie nun ein Werk vorgelegt haben, das dieses Phänomen fundiert reflektiert. Möge ihr Werk möglichst Leser finden und Transformatoren ermutigen!

1 Einleitung: Die Kraft der Graswurzel

Sind Sie Mitarbeitende eines großen, traditionellen Unternehmens? Wie viele Veränderungsprojekte haben Sie bereits erlebt? Und wie viele davon, würden Sie sagen, waren wirklich erfolgreich? Welcher Anteil jedoch versandete im Ungefähren, Unvollendeten, Unbefriedigenden?

Sind Sie Entscheider in einem klassischen Konzern? Möglicherweise gar Vorstand? Wie viele Change-Programme haben Sie Ihrer Organisation schon verordnet? Und wie viele davon haben tatsächlich bei den Menschen in Ihrer Organisation verfangen – und für alle weithin erkennbar, Entscheider wie Betroffene und Beteiligte – Abläufe, Zusammenarbeit, Produktivität und Ergebnisse verbessert?

Wenn Sie zu einer dieser beiden Gruppen gehören, wissen Sie vermutlich: Solange Menschen den Nutzen einer Veränderung nicht schnell und unmittelbar erkennen, ist sie kaum effektiv umzusetzen. Stattdessen bleiben bei jedem neuen Change-Prozess weitere Mitarbeitende auf der Strecke, die die Veränderung nicht mitgehen können oder wollen und protestierend oder in innerer Emigration und nicht selten dauerhafter Unproduktivität versunken zurückbleiben. Die Folgen sind dramatisch – für den Einzelnen, für die Organisation, für unsere Wirtschaft, allem voran jedoch für die Wettbewerbsfähigkeit von Unternehmen. Glaubt man dem sogenannten Engagement Index Deutschland des Beratungsunternehmens Gallup, das einmal jährlich in einer repräsentativen Studie die Zufriedenheit von Mitarbeitenden mit ihrem Arbeitsplatz abfragt, sieht es in den Betrieben düster aus.

Lediglich **15 Prozent** der befragten Arbeitnehmer fühlten sich in ihren Betrieben **wohl**, etwa genauso viele, wie **innerlich** bereits **gekündigt** haben.

Und 71 Prozent gaben an, nur noch Dienst nach Vorschrift zu machen.

Veränderungsturbo Demokratisierung

Gerade etablierten Unternehmen bleibt damit gar keine andere Wahl, als sich radikal zu erneuern. Das liegt ganz wesentlich an den Auswirkungen der Individualisierung und des demokratischen Reifegrades unserer Gesellschaft. Als Folge erleben wir zunehmend (potenzielle) Mitarbeitende, die heute nur noch wenig Lust verspüren, ein Berufsleben lang als Rädchen im Unternehmensgetriebe zu agieren. Viele haben ganz andere Vorstellungen von Organisation, Struktur und dem Sinn ihrer Arbeit, als Generationen vor ihnen.

Veränderungsturbo Digitalisierung

In Unternehmen jeder Branche löste und löst die Digitalisierung unserer Arbeitswelt einen unentrinnbaren Veränderungsdruck aus. Denn sie erleben wir als einen gewaltigen Wandlungsmotor, der propellergleich Märkte, Wettbewerbsumfelder und Geschäftsmodelle durcheinanderwirbelt und Organisationen zwingt, sich mit bislang ungekannter Geschwindigkeit und Konsequenz anzupassen, um jenem Sturm zu trotzen, der da draußen tobt. Für viele Firmen geht es ums Überleben. Und ob ihnen dies gelingt, hängt allein von ihrer Veränderungsbereitschaft und -kompetenz als Organisation ab. Und dazu brauchen sie ein Set von Fähigkeiten, die etablierten Firmen eher fremd sind: Selbstorganisation, Anpassungsfähigkeit, Eigenverantwortung der Mitarbeitenden, Vertrauen und höchste Flexibilität zum Beispiel.

Wir, die Autoren dieses Buches, sind als Organisationsgestalter fast jede Woche in solchen Unternehmen unterwegs. Wir erleben, wie enorm schwer sich die meisten Organisationen, bzw. die dort zugehörigen Menschen, mit dieser Häutung tun. Es ist, als verlangte man von einem 18-Tonner, sich wendig und mit hoher Geschwindigkeit durch die engen Nebenstraßen einer quirligen Großstadt zu kämpfen: früher oder später bleibt er unweigerlich stecken.

Dringt man jedoch tief in diese scheinbar starren Großorganisationen vor, entdeckt man in ihren Verästelungen vielerorts umtriebige Keimzellen der Veränderung: Mitarbeitende, die aus Unzufriedenheit mit den Verhältnissen oder der schlichten Einsicht, dass es so nicht weitergehen kann, selbsttätig die Initiative ergreifen. Sich mit Gleichgesinnten vernetzen und für sich, für einen bestimmten Unternehmenszweig oder für die ganze Firma eine neue Perspektive entwickeln. Gruppen, die eigenständig an neuen Arbeitsformen, veränderten Geschäftsmodellen, mitunter sogar der Neuerfindung ihres Unternehmens arbeiten. Und zwar ohne Auftrag, häufig genug auch ohne Wissen, geschweige denn Segen von Vorgesetzten und Entscheidungsträgern. Und nicht selten auch gegen ihren hierarchisch verordneten Arbeitsauftrag – oder aber in eigenverantwortlicher, man möchte sagen, eigenmächtiger Veränderung desselben.

So war es beispielsweise beim traditionsreichen Siemens-Gasturbinenwerk in Berlin-Moabit, wo 2014 mit dem Budget von zwölf Millionen Euro eine neue Fertigungslinie geplant werden sollte – selbstverständlich und unhinterfragt nach der klassischen Prozessstruktur, was bedeutet: Mit hochgradig durchdachten Budget- und Kostenplänen, klar definierten Meilensteinen, sogenannten Quality Gates zur Definition des Projektfortschritts im Rahmen des Standard-Reporting und damit äußerst akkurat geplanten Arbeitspaketen für die jeweiligen Projektverantwortlichen. An alles hatten die beiden erfahrenen, prozesssicheren Fertigungsplaner Dr. Robert Harms und Ronny Großjohann gedacht. Doch die Lust, die Energie der betroffenen Menschen mitzugestalten, kam in all diesen tausendfach praxiserprobten und unternehmensweit etablierten Plänen nicht vor. Und so trat das Projekt auf der Stelle, bis – ja bis die beiden Verantwortlichen daraufhin eigenmächtig entschieden, alle ausgetretenen Pfade zu verlassen und ganz neue Wege zu beschreiten. Die beiden unkonventionellen Macher, denen es auf diese Weise gelang, nicht nur Leben, Lust und Leidenschaft in die Werkhalle zu zaubern, sondern die neue Fertigung mit dem Potenzial aller Beteiligten gleichzeitig hochproduktiv und kosteneffizient zu gestalten, lernen wir in späteren Kapiteln noch etwas besser kennen. Für den Augenblick bleibt zu sagen: Hätten sie sich an alle geschriebenen und ungeschriebenen Regeln sklavisch gehalten: Dieser Erfolg wäre ausgeblieben und es wäre niemals denkbar gewesen, dass die beiden heute in vielen Werkshallen des Konzerns und außerhalb unterwegs sind, um mit klugen und zeitgemäßen Ideen von Arbeits- und Selbstorganisation für mehr Mitgestaltung, Verbundenheit und letzten Endes auch für messbar mehr Produktivität zu sorgen.

Solche Initiativen findet man heute nicht nur bei Traditionskonzernen wie Siemens, Evonik und BMW. Vermutlich gibt es mittlerweile kein deutsches Großunternehmen mehr, in dem nicht zumindest eine selbstinitiierte Gruppe von Mitarbeitenden an der organisatorischen und/oder kulturellen Veränderung arbeitet. Schaut man genauer hin, erkennt man das enorme Potenzial, das diese Graswurzelinitiativen in sich tragen. Denn weil sie sich naturgemäß nahe an der Basis – also nahe an Mitarbeitenden, Kunden und Markt – bewegen, wissen sie sehr viel genauer, woran es dem Unternehmen fehlt, was die Firma braucht, wie und wer sie in Bewegung setzen könnte. Ein weiterer Vorteil: Weil die Graswurzel-Aktivisten aus der Mitte der Mitarbeiterschaft kommen und aus eigenem Antrieb (Fachleute sagen: intrinsischer Motivation) heraus agieren, sind sie zudem sehr viel glaubwürdiger und überzeugter von der Richtigkeit der Veränderung, als es jedes von Strategieabteilung oder Vorstand eingesetzte Projektteam sein könnte. Und weil sie ihr Anliegen zudem ohne offiziellen Auftrag und häufig unter hohem persönlichen Einsatz voranbringen, sind sie zudem enorm überzeugend.

„Wenn wir es schaffen, alle Potenziale unseres Unternehmens zu nutzen und künftig unser Wissen zusammenbringen, um bessere Lösungen für unsere Kunden zu entwickeln – wer soll uns dann eigentlich noch aufhalten?" fragte Peter Schwarzenbauer, bis Oktober

2019 Vorstand der BMW AG, die rund 500 Mitarbeitenden im Saal, die im Februar 2018 gekommen waren, um gemeinsam mit dem selbstorganisierten Lernprogramm Working Out Loud zu starten – einem Lernprogramm, bei dem die Mitarbeitenden üblicherweise nicht ihre Vorgesetzten um Erlaubnis fragen, wenn sie sich gemeinsam mit selbst gewählten Mitstreitern insgesamt rund zwei Tage (auf zwölf wöchentliche Stunden verteilt) mit dem Thema Vernetzungskompetenz auseinandersetzen. Es mutet auf den ersten Blick fast ironisch an: Ein Top-Manager lobt Mitarbeitende dafür, dass sie ohne Mandat etwas auf die Beine stellen, das ihren Vorgesetzten weder bekannt noch von ihnen explizit abgesegnet worden ist.

In Wirklichkeit stehen Graswurzelinitiativen und neue Formen der Zusammenarbeit und Entscheidungsfindung für den Beginn von etwas Neuem, dessen Reich- und Tragweite wir heute noch gar nicht überblicken können. Nur, dass sich die althergebrachten Management- und Organisationsstrukturen überlebt haben, ist allzu offensichtlich.

Die **Komplexität** unserer Tage lässt sich mit **starren Berichtstrukturen** und **klassischen Hierarchien nicht** mehr beherrschen.

Das klassische Kaskadensystem, in dem Veränderungsbedarf an der Spitze erkannt, analysiert und in Change-Prozesse übersetzt wird, die die Organisation umzusetzen hat, stößt an seine Grenzen. Wer in Vorstandsetagen zu Gast ist, trifft Top-Manager, die immer noch so tun (müssen), als wüssten sie, wo es langgeht. In Wirklichkeit aber hangeln sie sich bisweilen von Ergebnisbericht zu Ergebnisbericht und können in der komplexeren Welt immer weniger die Folgen ihres Handelns und Entscheidens vorhersagen.

Die Hierarchien-Hacker

Graswurzelinitiativen in Unternehmen stehen damit für einen radikalen Kulturwandel. Sie sind die freien Radikale im Change-Geschäft, autonom, unkontrollierbar, dynamisch und überzeugend. Sie sind Forum und Werkzeug für alle, die ihr Unternehmen offener, schneller, reaktiver, attraktiver und menschenfreundlicher gestalten wollen. Sie stehen für einen Bruch mit dem klassischen Karrieremantra, das da lautete: Wer im Unternehmen etwas bewegen will, muss erst einmal die Karriereleiter erklimmen und sich weitgehend konform verhalten.

Diesen neuen Aktivisten, den Akteuren von Graswurzelinitiativen, ist unser Buch gewidmet. Lesenswert scheint es uns für:

- Alle Mitarbeitenden, die in einer traditionellen Unternehmenskultur mit genau festgelegten Regeln und Prozessen für Kommunikation und Entscheidung arbeiten – mit und ohne Entscheidungsbefugnis. Wir wollen ihnen Mut machen, Träume von einer besseren Arbeitswelt selbst umzusetzen. Unsere Erfahrung: Die Freiräume sind oft größer als gedacht. Und Mitstreiter für gute und mutige Ideen finden sich erfahrungsgemäß viele, wenn man erst einmal aus der Komfortzone herausgetreten ist.
- Entscheidungsträger auf allen Ebenen in einer traditionellen Unternehmenskultur, die in der alten Arbeitswelt gelernt haben, sicher und erfolgreich in eindeutigen, hierarchischen Strukturen zu agieren. Auch ihnen soll dieses Buch Mut machen: Den Mut hinzusehen und wahrzunehmen, wie stark, aber auch wie wertvoll die Bewegung aus der Mitte ihres Unternehmens ist – auch ohne ihre Kontrolle. Und auch wenn die scheinbare und oft tatsächliche Unkontrollierbarkeit ihnen Angst macht: Schlimmer wäre es, durch Ignoranz und die stille, abwartende Hoffnung,

„dass das vorübergeht", die Zukunft des Unternehmens und der nächsten Generation zu verspielen.

• Unterstützer und Berater im Umfeld der digitalen/agilen Transformation. Dieses Buch soll sie ermutigen, den kraftvollen Umsetzungsmotor für die von ihnen begleitete Bewegung in traditionellen Unternehmen nicht nur im Top-Management zu suchen, denn dort wird er heute zunehmend weniger zu finden sein. Ihnen liefert dieses Buch Ideen und Ansätze, wie mit klaren, konkreten Maßnahmen Menschen und ihre Funktionsbereiche im Unternehmen anpassungsfähiger, schneller, besser informiert, kollaborativer arbeiten können. Ihnen sei das Zutrauen gewünscht, dass sich solche Bewegungen auch ohne ihr Zutun erfolgreich fortsetzen und verbreiten, wenn man ihnen Vertrauen und Raum einräumt.

Von der alten in die neue Welt – und zurück

Woran aber liegt es, dass Führungskräfte mit dem Wandel überfordert sind? Im Gespräch hören wir nicht selten: „Natürlich sind wir im Top-Management bereit für alles, was da kommt, – aber unsere operative Mannschaft auf Arbeitsebene ist es leider nicht." Die Messungen zum agilen und digitalen Reifegrad, die Unternehmen heute gern als Ausgangsbasis für „Digitalisierungsprojekte" durchführen lassen, spiegeln vielfach eine ähnliche Antwort wider. Eindrucksvoll zeigt dies auch der Transformationswerk-Report, den die Hamburger Beratungsgesellschaft *Doubleyuu* gemeinsam mit der Agentur *neuwaerts* aus Hannover erstellt hat. Ihr Ergebnis: Die Unternehmenslenker verweisen bei der Suche nach Gründen für nur mäßige Erfolge bei der digitalen Transformation ihrer Unternehmen auf eine träge Mitarbeiterschaft, die die Transformation behindere und den Ernst der Lage nicht erkenne. Die Mitarbeitenden allerdings sehen in den Führungsstrukturen sowie im Management die Hauptblockaden für den Wandel. Gerade die Führungskräfte hängen aus Sicht der Mitarbeitenden an althergebrachten Karrierewegen, Standard-Lösungen und den im System verankerten Incentives, die neues Handeln eher verhinderten und die klassischen Lösungswege belohnten.

Überraschend ist, wie viele Manager in einer Mischung aus der latenten Verunsicherung angesichts eines drohenden Verlusts schwer erarbeiteter Privilegien und der Hoffnung, dass Digitalisierung,

21

VUCA-Welt und Komplexität keinesfalls so dramatisch seien wie angenommen, in augenscheinliche Ratlosigkeit verfallen. Offenkundig wissen nur wenige Top-Manager wirklich, wie es in den Reihen ihrer operativen Mitarbeitenden um das gemeinsame Verständnis der Herausforderung und damit um die digitale und agile Zukunft ihres Unternehmens steht. Denn den wenigsten Führungskräften der oberen Riege von großen traditionellen Unternehmen und Konzernen erlaubt ihr Terminkalender, sich selbst ein wahres Bild vom Zustand und Befinden ihrer Belegschaft zu machen. Und falls doch, bleibt immer noch die Frage, wie anpassungsfähig die jeweilige Führungskraft selbst ist. Schließlich: Auf den Unternehmenslenkern lastet mehr als je zuvor ein immenser Druck, nicht nur mit der Zeit zu gehen, sondern ihr vorauszuschreiten. Gleichzeitig fällt es bisweilen schwer, die auch technologisch bedingte Machtverschiebung anzuerkennen, mithin den Umstand, dass sie eben nicht alles im Unternehmen steuern und kontrollieren können, dass die bewährten Erfolgsrezepte nicht mehr uneingeschränkt funktionieren. So müssen sie mehr denn je antizipieren, dass und in welcher Weise Umstände von außen – Wettbewerb, Digitalisierung, globale Spielregeln, erhöhte Marktgeschwindigkeit – ihr Handeln, ihre Prioritäten, und ja, auch ihre eigene Anpassungsfähigkeit treiben müssen. In dem Maß, wie auch Vernetzung und neue Technologien plötzlich Dynamiken erzeugen, die immer weniger beherrschbar sind, spüren diese Entscheider tagtäglich, wie ihre Macht schwindet.

Dank sozialer Medien, Intranets, E-Mail-Verteilern und WhatsApp-Gruppen können ihre Mitarbeitenden sich heute über Abteilungs- und Ländergrenzen, Kompetenzfelder und Hierarchien hinweg munter vernetzen. Die angestammten Zuständigkeitsreviere und Berichtslinien, hinter denen Herrschaftswissen gebunkert und Mitarbeiterinitiativen ausgetrocknet werden konnten, werden von diesen digitalen Kommunikationsbahnen spielend überwunden. So schnell, wie sich beherzte Mitarbeitende miteinander verbinden, kann ein klassisch-hierarchisches System gar nicht gegensteuern. Auf diese Weise entsteht eine völlig ungekannte innerbetriebliche Dynamik, die den Betrieb auf den Kopf zu stellen vermag.

Gleichzeitig verändern die Möglichkeiten und Notwendigkeiten der Transformation das gesamte Werte- und Kulturzusammenspiel von „oben" und „unten" (in diesem Buch bezeichnen wir das allgemein in der Literatur gültige „unten" mit „aus der Mitte", weil wir uns damit von der beim Begriff „unten" mitschwingenden, wertenden Denkweise distanzieren wollen).

Auch und gerade in traditionellen Unternehmen: Soziale Netzwerke in Organisationen erlauben es Mitarbeitenden, das Wort direkt an den Vorstand zu richten, oder für ihre Ideen Gleichgesinnte im Unternehmen zu finden – ganz ohne Freigabe durch die Führungskraft und durchaus auch ohne Budget. Dazu bedarf es in der Regel einigen Mutes, der bei der Generation der Babyboomer gerade aufkeimt. Der Generation Z indes ist dieser Mut quasi angeboren; denn sie wurde so demokratisch und gleichberechtigt erzogen, dass sie eine starre, formale, gottgegebene Hierarchie kaum mehr zu beeindrucken vermag.

Lernen von den Jungen – oder lieber doch von den Erfahrenen?

Welche Optionen bleiben dem Management? Entscheider betrachten bisweilen bewundernd die demokratischen, agilen, selbstgesteuerten und damit oft hochinnovativen Organisationsformen junger Unternehmen oder Start-ups und fragen sich, was sie als traditionelle Unternehmen davon lernen können. In „Digital Experience Touren" und „Cultural Learning Journeys" reisen sie aus der alten in die neue Arbeitswelt und zeigen sich beeindruckt von soziokratischen Strukturen, Agilität und Diversität. Hier scheinen alle Mitarbeitenden mitgestalten und mitreden zu wollen, zu können und zu dürfen; jeder spricht mit jedem, jeder wird gehört. Experimente und Scheitern werden so offen diskutiert wie Konflikte, es herrscht Einigkeit über ein gemeinsames Ziel und der absolute, gemeinschaftliche Wille, dieses gemeinsam zu erreichen.

Dann reist man zurück in die alte Welt und erstarrt schon an der Eingangspforte: Da, wo die Stechuhr am Drehkreuz steht, wo die klassische Arbeitnehmervertretung (Flexible Arbeitszeit!), hierarchische Führungsstruktur (Leistungs- und Zielkontrolle!), Gehaltsgefüge (Tarifbindung!), das fehlende gemeinsame Ziel und mangelndes Verständnis für die gemeinsamen Herausforderungen warten. Wo bitte anfangen? Wer treibt den Wandel an? Change und Transformation lieber Bottom-up? Top-down? From-middle-both-ways?

23

Für die einen kann erfolgreicher, nachhaltiger Wandel nur durch „Macht-Eliten-Hacking" glücken, wie es der Wirtschaftspublizist Gunnar Sohn nennt. Durch einen Ansatz also, der darauf abzielt, die derzeit nur schwer zugänglichen Macht-Eliten in Wirtschaft und Gesellschaft zu unterwandern, mit dem Ziel, Herrschaft und Abschottung der Wenigen zu beenden und partizipative, demokratische Entscheidungsstrukturen zu fördern. Für die anderen ist klar, dass es Eliten, Machtstrukturen und Alphatiere immer geben wird, und man daher Strukturen schaffen muss, die allenfalls sicherstellen, dass diese keinen größeren Schaden anrichten in einer Zeit, in der solche Strukturen und Persönlichkeiten dem unternehmerischen Erfolg im Weg stehen. Und wieder andere setzen auf eine Art unternehmerische Frischzellenkur, indem sie Start-ups akquirieren in der Hoffnung, dass diese jungen, experimentierfreudigen Organisationen frischen Wind ins Unternehmen bringen und ansteckend wirken in ihrer zupackenden Unkompliziertheit, die den Gründerteams vielfach zu eigen ist.

Nach unseren Erfahrungen erweisen sich solche Hoffnungen in der Praxis vielfach als unerfüllbar. Zu konsistent, zu beharrungskräftig sind heute noch die über Jahrzehnte gewachsenen Systeme und Strukturen traditioneller Unternehmenskulturen. Kein Wunder also, dass statistisch rund 95 Prozent aller internen Corporate Ventures die in sie gesteckten Erwartungen verfehlen, wie der Wirtschaftswissenschaftler Frank-Benjamin Heim berichtet. Heim hat über unternehmensinterne Start-ups promoviert und ihre Erfolgschancen bewertet. „Die wenigsten Start-ups", sagt er, „kreieren ein derart nennenswertes Neugeschäft, dass es von ihrer Unternehmensmutter weiterverfolgt wird. Viele leisten überhaupt keinen positiven Beitrag." Die Rettung lässt sich demnach nur in den seltensten Fällen von außen einkaufen.

Aus der Mitte heraus

Rettung von außen? Nun, die braucht es auch gar nicht. Denn nach unserer Erfahrung sind die „Rettungskräfte" (bzw. jene, die das Zeug dazu haben) häufig bereits im Unternehmen zu Hause und warten nur darauf, endlich eingreifen zu dürfen. Schließlich sind es vor allem die Praktiker und Erfahrungsträger im eigenen Haus, die über ausreichend Kompetenz verfügen und entscheiden können, ob und wie Funktionen agiler gestaltet werden können, mit welchen

Kollegen das möglich ist und in welchem Maß. Zukunft braucht Herkunft – das sagt sich so leicht, birgt aber eine tiefere Wahrheit: Wer ein System verändern will, muss es zunächst einmal kennen. Außerdem braucht es eine große Frustrationstoleranz und tiefe Loyalität, vielleicht sogar Liebe zum Unternehmen, um wirksame Ansätze zu erproben und gegen alle Widerstände umzusetzen. Dies alles sind Eigenschaften, die man eher bei erfahrenen Mitarbeitenden findet als bei den digital Nativen der Generation Z. Kommen deren Vertreter, die noch vor kurzem als unpolitisch gebrandmarkt und heute anerkennend für ihr Engagement für #FridaysForFuture gelobt, dazu, fragen nach Sinn und drohen mit schneller Abkehr, wenn ihre Perspektiven nicht erfüllbar scheinen, kommen plötzlich wesentliche Elemente für ein Gemisch aus Kräften, die Unternehmen erfolgreich weiterentwickeln können, zusammen.

Wenn zur **Bereitschaft**, mit neuen Formen der Zusammenarbeit zu **experimentieren**, noch die **Haltung** und der **Mut** des Einzelnen kommt, dies auch ohne Auftrag und gegen die bestehende Konvention zu tun, kann die **Graswurzel** im Unternehmen **gedeihen**.

25

Und wenn es gelingt, diese Erfahrung zu kommunizieren und damit zu multiplizieren, kann daraus eine gesunde, intrinsisch motivierte, starke Veränderungsbereitschaft der Vielen werden.

Immer öfter hört unserer Beobachtung nach dann auch der Vorstand hin, möchte genau verstehen, was da gerade vor sich geht, wie man die Bewegung unterstützen und so vielleicht multiplizieren kann. Und dann wächst aus dieser Graswurzel eine saftige grüne Wiese – auf der im besten Fall auch eine traditionelle Unternehmenskultur sich zeitgemäß weiterentwickeln kann. Dies scheint auf den ersten Blick ein Widerspruch zu sein: Kann die traditionelle Unternehmenskultur also so bleiben, wie sie ist, wenn es nur gelingt, sie mit einem hübschen, ansehnlichen, bunten Teppich von Wiesenblumen zu überziehen?

Nun, jeder Impuls innerhalb einer Gemeinschaft verändert in minimalen Graden die Kultur des Miteinanders. Und eine Graswurzelinitiative ist im Erfolgsfall weit mehr als ein (einmaliger, kurzer, unbedeutender) Impuls, denn sie macht in der Regel sehr schnell und nachdrücklich sichtbar, wohin die Aufmerksamkeit derjenigen geht, die mit ihrem Wissen, mit ihrer Erfahrung, mit ihrer Kompetenz und ja, auch mit ihrer Leidenschaft Tag für Tag am Unternehmenserfolg mitgestalten wollen: Eine wertvolle Chance für Entscheider, denen erfahrungsgemäß die Zukunft ihres Unternehmens mit der gleichen Leidenschaft und Verbundenheit am Herzen liegt, insbesondere, wenn sie, wie es im Volksmund heißt, zu den „Hausgewächsen" gehören und sich damit ihre persönliche Geschichte eng mit der Geschichte des Unternehmens verbindet. Denn auch wenn die Maßnahmen unterschiedlich gewählt sind: Es wollen doch alle das gleiche – das eigene Unternehmen nachhaltig zum Erfolg führen und damit eine oft Jahrzehnte währende Erfolgsgeschichte mithilfe des eigenen, erkennbaren Fußabdrucks fortschreiben: Mehr kann sich ein Unternehmen eigentlich nicht wünschen.

2 Graswurzelinitiative, Change-Projekt, Culture-Hack: Kann man Unternehmenskultur geplant verändern?

Schlagen wir im altehrwürdigen Gabler Wirtschaftslexikon nach, finden wir als Definition für „Unternehmenskultur":

„Grundgesamtheit gemeinsamer Werte, Normen und Einstellungen, welche die Entscheidungen, die Handlungen und das Verhalten der Organisationsmitglieder prägen."

Ferner unterscheidet Gabler Unternehmenskultur in zwei Ebenen:

- Die Tiefenstruktur als handlungsprägende Ebene (Werte, Normen, Einstellungen) sowie die
- Oberflächenstruktur, die von Dritten beobachtbar ist.

Das Arbeitgeberbewertungsportal *kununu* beschreibt dies sehr anschaulich: „Die DNA einer Firma zeigt sich in ihrer Unternehmenskultur – und es gibt so viele unterschiedliche Kulturen wie es Unternehmen gibt. Wie geht eine Firma mit seinen Mitarbeitenden um, welche Werte vertritt sie, wie wirkt sie nach außen, auf Kunden, Partner und Lieferanten? Unternehmenskultur zeigt sich nicht nur nach innen, sie wirkt auch nach außen und beeinflusst entscheidend das Renommee am Markt – und damit letztendlich auch den wirtschaftlichen Erfolg."

In anderen Worten: Die Erfolge einer konstruktiven Auseinandersetzung und Arbeit mit der Unternehmenskultur sind alles andere als „Nice to have"-Wohlfühlfaktoren, sondern lassen sich laut *kununu* in messbarer Währung sogar wirtschaftlich nachweisen.

Auch wenn wiederholt kontrovers diskutiert wird, ob man Unternehmenskultur überhaupt planvoll und damit proaktiv beeinflussen kann, so stellt *kununu* die Unternehmenskultur in einen direkten Zusammenhang mit dem Mitarbeitenden-Engagement.

Ihre Hypothese lautet: „Engagierte Mitarbeitende haben eine persönliche Verbindung zum Arbeitgeber und initiieren zusätzliche Anstrengungen für den Erfolg des Unternehmens." Im Umkehrschluss folgert *kununu*: „Mitarbeitenden, die nicht engagiert sind, fehlt diese Verbindung."

Gehören also die Initiatoren einer Graswurzelinitiative genau zu den bei Gallup thematisierten 15 Prozent Engagierten, weil sie durch ihr konkludentes und konsequentes, aber eben nicht zwingend regelkonformes Handeln einen Konflikt riskieren in der besten Hoffnung und Absicht, das Miteinander im Unternehmen und damit auch den Erfolg des Unternehmens verbessern zu können? In jedem Fall stellt das Aufkeimen einer Graswurzelinitiative eine harte Probe für traditionelle Organisationen dar, und es liegt in der Hand der Entscheider, diese Energie im Sinne des nachhaltigen Erfolgs zu nutzen.

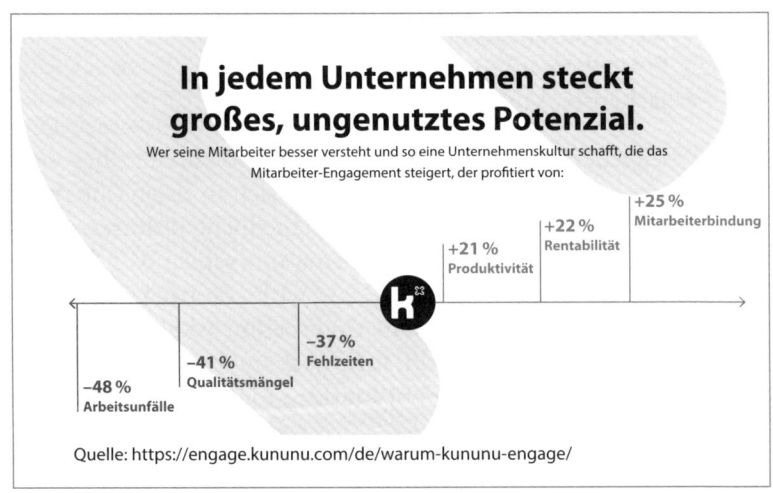

In jedem Unternehmen steckt großes, ungenutztes Potenzial.

Wer seine Mitarbeiter besser versteht und so eine Unternehmenskultur schafft, die das Mitarbeiter-Engagement steigert, der profitiert von:

+21 % Produktivität

+22 % Rentabilität

+25 % Mitarbeiterbindung

−37 % Fehlzeiten

−41 % Qualitätsmängel

−48 % Arbeitsunfälle

Quelle: https://engage.kununu.com/de/warum-kununu-engage/

Graswurzelinitiativen in Unternehmen – gab es sie schon immer?

Nun, der Aufbruch aus der Mitte des Unternehmens in Richtung Veränderung ist ein relativ junges Phänomen. Erst seit wenigen Jahren haben Mitarbeitende die Werkzeuge, den Anspruch, aber auch das Selbstbewusstsein, auf ihre ganz persönliche Weise das System Unternehmen mitzuprägen. Für die von uns beobachteten Graswurzelinitiativen gilt daher: Bei keiner können wir Stand heute zweifelsfrei oder gar messbar beurteilen, dass die Unternehmenskultur bereits in einem bedeutenden Maß durch ihre Impulse geprägt worden wäre. Wir beobachten punktuelle Erfolge, aber auch Rückschläge. Auch deswegen haben wir immer wieder den Austausch mit Organisationssoziologen wie Judith Muster vom Organisationssoziologischen Institut der Universität Potsdam gesucht. Muster untersuchte zeitlich parallel zu unseren Beobachtungen und Erfahrungen in Unternehmen sogenannte postbürokratische Strukturen in Unternehmen. Gemeint sind damit Systeme, die nicht mehr einer reinen, strengen Hierarchie folgen, sondern sich in Teilaspekten der Organisation oder gänzlich anderen Strukturen öffnen. Alle neueren Formen der Demokratisierung von Entscheidungsprozessen gehören dazu, Stichwort: Soziokratie.

Aus Sicht der Organisationssoziologie kann eine Schwalbe noch keinen Sommer machen und eine kleine Graswurzelinitiative noch keinen 300.000 Mitarbeitenden-Konzern mit jahrhundertealter Tradition verändern. Das leuchtete uns ein, und so möchten wir in diesem Buch ein realistisches, insbesondere aber differenziertes Bild vom Erfolg der von uns untersuchten Bewegungen aus der Mitte zeichnen.

Und wir haben Judith Muster gebeten, unsere Beobachtungen zu kommentieren: Wie viel Veränderung aus der Mitte ist realistisch möglich, welche Schritte sind klug – aus Sicht der Führung sowie aus Sicht der Akteure, wie kann die Energie, das Engagement im konstruktiven Sinne der Organisation dienen? Ihre Einschätzung findet sich im Epilog dieses Buches.

2.1 Die Wirksamkeit von Veränderungs-initiativen in Unternehmen: Top-down? Bottom-up?

In Bezug auf die Veränderungsfähigkeit von Unternehmen beobachten wir in unserer Arbeit eine bemerkenswerte Entwicklung: Geht man in traditionellen Organisationsmodellen davon aus, dass das Monopol auf die organisatorische, strategische oder auch kulturelle Gestaltung im Unternehmen als zentrale Steuerungsaufgabe bei der Unternehmensleitung liegt, also nur diese die Macht, das Recht, ja auch natürlich die Kompetenz aufweisen, Veränderung im Unternehmen anzustoßen, so belehrt uns die Praxis heute eines Besseren:

Veränderungsdruck aus der Mitte

Die technologische und gesellschaftliche Entwicklung der vergangenen Jahre hat dazu geführt, dass es längst nicht mehr die Unternehmenslenker sind, die am unmittelbarsten und am besten informiert sind über die relevanten Entwicklungen in ihren jeweiligen, immer komplexer werdenden wirtschaftlichen Ökosystemen. Vielmehr leiden sie darunter, aufgrund der Abschirmung in sprichwörtlichen Elfenbeintürmen entscheidungsrelevante Informationen durch mehrere Management-Ebenen gefiltert und hochaggregiert zu erhalten. Damit verbunden sind lange und umständliche Entscheidungswege der in den vergangenen Jahrzehnten immer komplizierter gewordenen Organisationen: Bis über ein seitens der Führung konzipiertes Handlungsprogramm entschieden ist und es dann seinen Weg in die operative Umsetzung findet, hat sich im Zweifelsfall der eigentliche Anstoß für die Veränderung bereits weiterentwickelt. Eine lebensbedrohliche Situation, denn, wie Jack Welch, rund 20 Jahre CEO des amerikanischen Elektrokonzerns General Electric, es einst formulierte:

„When the rate of change **outside exceeds** the rate of change inside, the **end is in sight**."

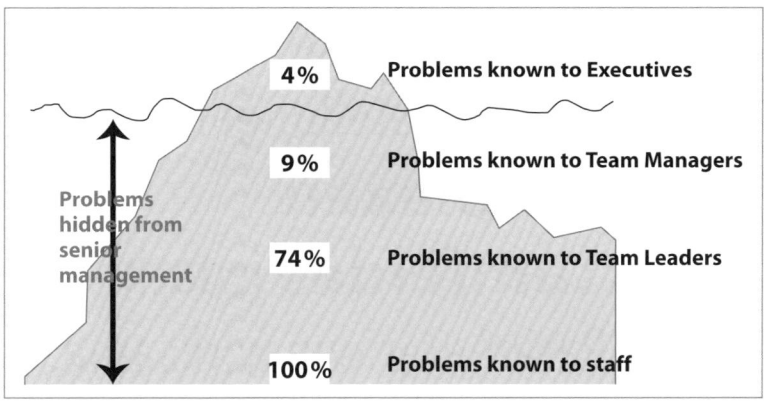

In seinem viel beachteten Blogbeitrag „The Iceberg of Ignorance" aus dem Oktober 2019 analysiert der US-amerikanische Transformationsexperte Frank Zijlstra, wie gut Unternehmenslenker über die wahren Herausforderungen in ihrem Unternehmen informiert sind. Er kommt, wie die Grafik zeigt, zu der alarmierenden Beobachtung und Hypothese, dass ein Entscheider im Durchschnitt gerade einmal 4 Prozent der relevanten Informationen hat, um, wie es seine Funktion erfordert, die Weichen zu stellen und damit die Geschicke seiner Organisation nachhaltig erfolgreich zu lenken. Über die Qualität und Validität der daraus resultierenden Entscheidungen darf man nur spekulieren: Ein Nachtflug bei Nebel ohne Radar könnte nicht riskanter sein.

Die Kunst der Entscheider, loszulassen

Zu der Herausforderung der kritischen Reaktionsgeschwindigkeit bei rudimentärer Informationslage gesellt sich eine weitere Problematik in traditionell geführten Unternehmen: Ihre Entscheider sind bisweilen zu Phasen in ihre Führungsrolle gekommen, als klassische betriebswirtschaftliche Rezepte rund um Effektivitäts- und Effizienzsteigerung ihre Hochzeit hatten und als Differenzierungsfaktoren und Erfolgsgaranten galten.

Für die heutigen und künftigen Fragestellungen eines **komplexen Marktumfeldes** jedoch gelten Parameter wie wirksame, **offene Kommunikation, Partizipation**, aber auch die Fähigkeit zur **Abkehr** radikaler Planungs- und Kontrollmuster.

Der renommierte Managementberater Dr. Willms Buhse nannte sein Buch zu neuen Technologien rund um Enterprise 2.0 bereits 2010: „Die Kunst, loszulassen". Und dieses Loslassen erweist sich wahrlich als Kunst und rares Gut auf den Führungsetagen. Denn nach wie vor gelingt es den Wenigsten, die Zügel zu lockern oder gar aus der Hand zu geben, und im idealerweise funktionsübergreifenden Diskurs mit jenen, die den besten Zugang zur Information haben, gemeinsam und auf Augenhöhe den Kurs zu bestimmen, ohne die Notwendigkeit abrupter Kurswechsel und Veränderungen im Umfeld heutiger, globaler Märkte aus den Augen zu verlieren. Dies impliziert eine weitere Fähigkeit, nämlich die, von kontrollierbaren Plänen abzuweichen. Die Planungskultur traditioneller Unternehmen determiniert bis heute das Geschäftsjahr nahezu minutiös. Sie zwingt damit zu einem Festhalten an zunehmend unsicheren Zukunftsbildern, was regelmäßig und bereits seit Jahren, man könnte sagen, seit der wachsenden Unvorhersehbarkeit globaler Märkte für einzelne Geschäftsfelder großer Unternehmen im Desaster endet. Nämlich dann, wenn eigentlich gar nicht zu bewerkstelligende Prognosen abgegeben werden müssen, deren Einhaltung jedoch ebenso wenig zu bewerkstelligen ist.

Unter hohem Anpassungs- und Entscheidungsdruck eines komplexen Umfeldes scheint es vielen Entscheidern schwerzufallen, sich in ihrer eigenen Entwicklung der Dynamik der technologischen Entwicklung anzupassen und Schritt zu halten, um nachhaltig valide unternehmerische Entscheidungen zu treffen. Und besonders drastisch zeigt sich der Widerspruch zwischen der Erwartung an Führung und der Realität heute genau dort, wo Graswurzelinitiativen, also Veränderungsbewegungen aus der Mitte des Unternehmens, ohne Auftrag und im Regelfall auch ohne Budget ihre größte Kraft schöpfen: Bei der Nutzung sozialer Netzwerke und vergleichbarer Vernetzungstechnologien im Unternehmen, sowie im Internet.

Plattform versus Programm: Erfolgreich Veränderungen planen

Technologie, die heute das Leben vieler Nachwuchstalente bestimmt und die gleichzeitig einen Nährboden für neue Dienste liefert, findet erst viel zu spät und viel zu abstrakt oder gar nicht erst ihren Weg zu den Top-Entscheidern unserer Unternehmen. Gary Hamel und sein Autorenpartner Michele Zanini schlagen als Ausweg aus diesem Dilemma zwischen Anspruch an Führung und Wirklichkeit in ihrem 2014 erschienenen Blogbeitrag vor: „Build a change platform, not a change program!"

Das umfasst geradezu die Einbindung aller Kräfte und den Fokus auf Partizipation und unterstreicht damit Buhses Forderung, Loslassen als das neue Führen zu praktizieren.

So identifizieren Hamel und Zanini drei große Irrtümer rund um Veränderungsmanagement. Erstens: Veränderung geht immer von der Spitze des Unternehmens aus. Zweitens: Unternehmen können Veränderung installieren wie ein Softwareupdate, das man den betroffenen Mitarbeitenden aufspielt. Und schließlich: Veränderung kann mit logischen Instrumenten designt, geplant und umgesetzt werden.

Der Change-Experte und Hochschuldozent Hans-Joachim Gergs unterstreicht in seinem 2016 erschienenen Werk „Die Kunst der kontinuierlichen Selbsterneuerung", dass – angefangen bei der Boston Teaparty bis zur heutigen Form des Internets – die Macht von Graswurzelbewegungen Organisationen und ganze Gesellschaften verändern kann. Und sein Appell lautet: Change-Programme können gerade heute nicht mehr geplant werden wie der Bau eines Kraftwerks, sondern müssen einen Experimentierraum erhalten, in dem die Mitgestaltung der Veränderung aus der Mitte heraus ohne die Metriken der alten Kontrollmechanismen partizipativ entwickelt werden kann.

Doch noch leben und arbeiten wir in einer Zeit, in welcher wir von der Kunst, loszulassen, besonders unter strengen betriebswirtschaftlichen Rahmenbedingungen einer kritischen Gesamtwirtschaft, weit entfernt sind, ja uns womöglich gerade davon wieder weg entwickeln. Und zwar nachdem Agilitätsmethoden und -konzepte wie Scrum, Design Thinking oder Selbstorganisation für eine kurze Zeit Morgenluft wittern ließen und funktionsübergreifende Kreativität und Partizipation ausreichend Raum zur Entwicklung in Unternehmen erhalten hatten.

Es bleibt die Forderung, ja die Notwendigkeit, die Zukunft des Unternehmens partizipativ zu gestalten; denn

wenn **Organisationen überleben** wollen, kommen sie um das heiß diskutierte **Loslassen**, die Preisgabe vertrauter, scheinbare Sicherheit simulierender **Kontrollmechanismen** nicht herum.

Führen ist Community Management

Jim Coughran, der frühere Chef-Technologe von Google, sieht die Aufgabe der Führungskraft daher nicht allein darin, eine erstrebenswerte Vision vorzugeben. Die Herausforderung für sich und seine Führungskräfte sieht er vielmehr darin, Communities zu etablieren und zu fördern, die es Mitarbeitenden auf dieser Basis ermöglichen, neue Ideen zu etablieren, sowie ihrerseits relevante Veränderungen im Unternehmen anzustoßen. Ein ganz anderes Führungs-Handwerkszeug ist dafür erforderlich: Mehr Kommunikationskompetenz, weniger Fachwissen oder althergebrachte Erfahrung.

Folgt man Hans-Joachim Gergs, so liegt die Zukunft des Unternehmens in einer sich immer schneller wandelnden Zeit darin, durch Führung, Entscheidung und Zusammenarbeit die Selbsterneuerungsfähigkeit der Organisation auf allen Ebenen zu ermöglichen, zu fördern und zu entwickeln. Denn nur in einem in allen Aspekten berechenbaren Umfeld kann Veränderung geplant und in Teilaspekten vielleicht sogar „installiert" werden. Doch von solchen Zeiten haben wir uns mit dem Eintritt in die neue, digitale, globale Arbeitswelt für immer verabschiedet.

So gesehen sind Graswurzelinitiativen ein wichtiger Indikator und zugleich Motor für die Selbsterneuerungsfähigkeit einer Organisation.

2.2 Was wir unter einer Graswurzelinitiative in Organisationen verstehen

Der Begriff der Graswurzelinitiative stammt ursprünglich aus dem politischen Umfeld und beschreibt neu entstehende, sich außerhalb des Regelsystems entwickelnde Strukturen, die von Menschen mit einem definierten Anliegen aufgebaut werden, um Systemveränderungen zu bewirken. Ihre Protagonisten sind selten namhafte Helden, sondern stammen eher aus der Mitte der Gesellschaft. Das *Longman Dictionary of Contemporary English* charakterisiert ihre Mitglieder als „gewöhnliche Menschen oder gewöhnliche Mitglieder einer Gruppe, und nicht diejenigen mit Macht oder besonderen Kenntnissen".

Zum Wesen einer solchen politischen Graswurzelinitiative gehören drei Kernelemente:

- Eine Haltung von „zivilem Ungehorsam"
- Die Durchführung wirksamer Einzelaktionen
- Der Aufbau von Netzwerken

Im Unternehmensumfeld gelten vergleichbare Muster und Motive: Bisweilen steht auch hier das Ziel der Systemveränderung im Vordergrund; oder aber einfach das Schaffen eines Freiraumes, der es Mitarbeitenden erlaubt, jenseits hierarchischer Strukturen oder aber außerhalb geltender Regeln und Prozesse den Unternehmenserfolg nach eigenen Vorstellungen mitzugestalten.

Analog zur politisch motivierten Graswurzelinitiative zeigt sich im Unternehmensumfeld der zivile Ungehorsam in Form von Mut und der Risikobereitschaft, im Bedarfsfall in den Konflikt mit bestehenden Strukturen, Prozessen und der persönlichen Führungskraft zu treten, um beispielsweise unlogisch erscheinende Aufgaben anders zu priorisieren oder zu lösen. Der Einzelaktion des politischen Motivs entspricht im Unternehmen das Arbeitsfeld, das Akteure von Graswurzelinitiativen auch gegen bestehende Konventionen und ohne Auftrag verändern wollen. Und das Netzwerk ist auch bei Graswurzelinitiativen im Unternehmen lebensnotwendig, um Ziele zu multiplizieren, Mitstreiter zu finden und Unterstützer zu mobilisieren.

Unser Buch stellt Graswurzelinitiativen aus traditionellen Unternehmen vor, in denen aus der Mitte heraus mit Innovation, Selbstorganisation, Partizipation, Abbau von hierarchischer Kommunikation experimentiert wird. Wir untersuchen, wie diese Beispiele auf weitere Bereiche des Unternehmens ausstrahlen und größere Organisationsteile verändern können. Schließlich gehen wir der Frage nach, welche Parameter Graswurzelinitiativen brauchen, um zu prosperieren, und welche sie erstarren lassen.

36

Denn das **Graswurzelmodell** des selbstorganisierten **Change aus der Mitte** ist zwar ein **vielversprechender** Gegenentwurf zum klassisch-hierarchisch verordneten Wandel, dessen Lebenszeit abgelaufen scheint; eine **Erfolgsgarantie** ist es **nicht**.

Was wir momentan beobachten ist ein hochdynamisches Experiment innerhalb klassischer Unternehmen, mit dem ein neues, konstruktives, hierarchiefreies und sachbezogenes Miteinander erprobt wird. Manche dieser Initiativen werden absehbar scheitern, viele versanden. Einige aber haben das Zeug, eines Tages als selbstermächtigte Transformatoren in die Unternehmensgeschichte einzugehen.

Es gehört zum Wesen neuartiger Phänomene wie der Graswurzelinitiative, dass sie anfangs häufig unterschätzt werden. Dann, wenn es zunächst einmal nur ein allererstes, fragiles Saatkorn ist, welches der Wind des Zufalls augenscheinlich an die richtige Stelle geweht hat. Welches dort – häufig gegen Widerstände – erste Keime ausbildet, um dann immer schneller zu wachsen und sich Quadratzentimeter für Quadratzentimeter mit seiner Umgebung zu einem starken, weitreichenden Wurzelgeflecht zu verbinden. Bis eines Tages aus dem allerersten Sprössling eine starke, unübersehbare, fruchtbare und nicht mehr wegzudenkende Grünfläche erwachsen ist. Und damit etwas, das den Boden für echte Veränderung bereitet.

Die Motivation verstehen

In Graswurzelinitiativen schließen sich Menschen zusammen, um gemeinsam nach Lösungen für Probleme zu suchen, die bislang keiner in der Organisation als solche wahrnimmt, oder aber die heute noch auf anderen Wegen gelöst werden. Die Mitglieder von Graswurzelbewegungen bringen dabei eigene Werte und Einstellungen zum Ausdruck, die offenkundig nicht deckungsgleich sind mit den jeweils gegenwärtigen Praktiken oder Werten der Organisation oder ihrer Entscheidungsträger. Kurz: Ein wahrgenommenes Vakuum wird von den Initiatoren einer Bewegung aus der Mitte gefüllt – und zwar ohne den expliziten Auftrag, an dieser Stelle für Veränderung zu sorgen.

Charakteristisch ist, dass in der Wahrnehmung der in einer Graswurzelinitiative zusammengeschlossenen Menschen die Organisation keine Angebote bereit hält, das wahrgenommene Problem zu lösen; also der jeweiligen Fragestellung in der Regelorganisation weder Aufmerksamkeit geschenkt wird, noch Bereitschaft erkennbar ist, das Thema überhaupt zu besprechen.

In ihrem wissenschaftlichen Aufsatz „Vorbilder für den Wandel verstehen: eine Analyse der Erfolgsfaktoren von Basisinitiativen für nachhaltigen Konsum auf mehreren Ebenen" (Im englischen Original: Understanding role models for change: a multilevel analysis of success factors of grassroots initiatives for sustainable consumption", Oktober 2015) definieren die Politikwissenschaftlerin Janina Grabs (Universität Münster) und ihr Team eine Graswurzelinitiative wie folgt:

„Jede Art von gemeinschaftlicher sozialer Unternehmung, die auf der Ebene der lokalen Gemeinschaft organisiert ist, hat ein hohes Maß an partizipatorischer Entscheidungsfindung und flache Hierarchien. Darüber hinaus engagieren sich Initiativen im Allgemeinen durch den freiwilligen Beitrag von Zeit und Ressourcen der Mitglieder der Organisationen, um eine bestimmte gemeinsame Sache zu erreichen."

Wir sprechen also über **Gruppen von Menschen**, die Lösungen für diejenigen **Herausforderungen** suchen, die sie als **relevant** ansehen, die von den bestehenden Institutionen aber **ignoriert** werden.

Dabei stellen sie den Status Quo infrage, werben für neue Formen der Zusammenarbeit, der Kommunikation oder gar des Zusammenlebens. Und sie tun dies freiwillig, zusätzlich zum oder neben dem eigentlichen Job.

Gemeinsam mit seinem Team beschreibt Professor Adrian Smith (University of Sussex, UK) in seinem Buch „Grassroot Innovation Movements" (2017) eine weitere Parallele und Charakteristik gesellschaftlicher Graswurzelinitiativen: So geht der Professor für Technologie und Gesellschaft davon aus, dass die Mitglieder an der Basis entweder bereits über die Ideen, das Wissen, die Werkzeuge und die Fähigkeiten verfügen, um innovative Lösungen für ihr Ziel zu entwickeln. Oder sie wüssten andernfalls, wo sie sich das nötige Wissen verschaffen müssten. Und auch dieser Vorgang der methodischen Weiterentwicklung im Sinne des selbst gewählten Graswurzel-Zieles würde intrinsisch motiviert aus der Energie der Initiative vonstattengehen: selbstverständlich ebenfalls ohne Auftrag und explizite Erlaubnis von Seiten des „Systems" oder des „Establishments".

Diese Beobachtung gilt zwar insbesondere für die von Smith untersuchten Initiativen zu Klimawandel oder ökologischer und ethischer Nahrungsproduktion. Jedoch gibt es keinen Grund, warum dies nicht für unternehmensinterne Graswurzelinitiativen im gleichen Maße gelten solle. So sind für die Etablierung einer Du-Kultur beim Automobilhersteller Daimler (siehe auch Kapitel 3.3: Sprösslinge) ebenfalls alle Mittel und Kompetenzen vorhanden wie für die Vision einer vernetzten Zusammenarbeit und des gemeinsamen Lernens bei der Robert Bosch GmbH (siehe auch Kapitel 3.5: Out of control). Und auch die nötigen Kenntnisse und Methoden für die Etablierung einer selbstorganisierten Fertigung lassen sich neben dem Job erwerben, wie wir es im Gasturbinenwerk von Siemens sehen konnten (siehe Kapitel 1: Einleitung).

Und schließlich haben alle Initiativen, denen wir begegnet sind, noch etwas gemeinsam: Der Ausgangspunkt ist immer eine Einzelperson oder ein kleiner Kern aus der Mitte der Organisation, der sich mit viel Überzeugungskraft für etwas stark macht und damit andere ansteckt. Für ihr Anliegen hat kein Vorstand und kein Abteilungsleiter einen Auftrag vergeben oder Ressourcen zur Verfügung gestellt, sondern die Bewegung ist organisch aus der Mitte gewachsen. Sicherlich, zahlreiche solcher Keime vertrocknen, bevor sie Wirkung erzeugen können; von ihnen werden wir nie oder nur per Ausnahme erfahren. Andere aber entwickeln die Kraft, sich auf einem günstigen Nährboden zu verbreiten. Sie haben das Potenzial, sich in den gut geregelten Abläufen und Prozessen des unternehmerischen Miteinanders derart tief zu verwurzeln, dass sie aus dem Alltag der Organisation nicht mehr wegzudenken sind. Und schließlich gibt es die ganz erfolgreichen Bewegungen aus der Mitte: Sie erweisen sich als so relevant für den nachhaltigen Erfolg, dass sie beim Übergang in den Regelbetrieb nachweisen, wie wirksam Mitgestaltung aus der Mitte sein kann, wenn Förderer diesem Potenzial Raum geben.

Graswurzelinitiativen als Zeitgeist-Phänomen

Warum sprechen wir gerade heute so viel über die Graswurzel-initiativen in Organisationen? Nun, eine sich schnell verändernde Arbeitswelt braucht schnell reagierende Unternehmen. Komplexe Fragestellungen globaler Märkte, gekennzeichnet durch hohe Datenvolumen und rapide wachsende Vernetzung, erzeugen einen immensen, vielschichtigen Anpassungsdruck, der sich nur noch mit beweglicheren und schnelleren Entscheidungswegen bewerkstelligen lässt und alle Ressourcen im Hinblick auf Wissen und Erfahrung fordert. Neue Kommunikationssysteme wie Selbstorganisation und Selbstführung der Mitarbeitenden erfordern ein hohes Abstimmungsvolumen, versprechen jedoch validere Antworten auf die Herausforderungen unserer Zeit. So gilt, neben dem Wertewandel, in einer demokratischen Gesellschaft, Partizipation nicht als kurzlebiges Lifestyle-Thema, sondern wird zum Erfolgsfaktor für Geschwindigkeit und Kreativität in Unternehmen. Arbeiten ohne Ansage, flache Hierarchien, Augenhöhe – das sind die Schlagworte, die die Podien auf den einschlägigen Konferenzen rund um eine zeitgemäße Arbeitswelt beherrschen. Gemeinsam ist vielen Diskussionen, dass sie von Vordenkern und Gestaltern angestoßen, in den seltensten Fällen hingegen seitens der Unternehmenslenker initiiert werden. So treffen die top-down getrieben Themen der restrukturierungsgetriebenen 90er mit ihren Erfolgsrezepten Shareholder Value, Business Process Reengineering und Kostensenkungsmodelle auf offenbar zeitgemäße Forderungen aus der Mitte des Unternehmens:

Wie wollen wir arbeiten, was gibt uns **Sinn**, wie können wir **ökologisch und ethisch handeln** und dabei als Unternehmen **wirtschaftlich erfolgreich** sein?

Aus rein wirtschaftlich existentieller Sicht könnte der Kontrast nicht größer sein: Hier geht es ums blanke Überleben, dort scheinbar um den Arbeitsplatz als Wohlfühlzone mit schier endlosen Freiheiten.

Golfrasen oder Feldblumenwiese

In der aktuellen Diskussion sticht ein Beispiel für Graswurzelinitiativen besonders heraus: Mit Working Out Loud, einer Peer-Coaching- und Lernmethode, die Kompetenzen für die vernetze Arbeitswelt vermittelt, haben sich in zahlreichen Großkonzernen und bei vielen Mittelständlern Menschen zusammengetan, die quasi viral ein neues Lernformat in Organisationen verbreiten. Das vielleicht am meisten überraschende Merkmal dieser Bewegung: Sie überspringt mühelos Unternehmensgrenzen, ignoriert also nicht nur interne Silo- und Hierarchiegrenzen, sondern verbindet Wettbewerber, Lieferanten, ja ganze Ökosysteme miteinander. Die Initiatoren haben erkannt, dass die Methode einen Mehrwert liefert, um in der komplexen Unternehmenswelt als Mitarbeitende, aber auch als Organisation zu bestehen, und sie haben weiterhin erfahren müssen, dass die Organisation selbst mit dieser Herausforderung nicht umgehen kann.

Keine der Working-Out-Loud-Initiativen, die wir kennengelernt haben, ist im Auftrag des Managements implementiert oder gar ausgerollt worden. Vielmehr sind sich alle Akteure einig: Wenn der Vorstandsvorsitzende nun anweisen würde, dass alle Mitarbeitenden an den Lernformaten, den zwölfwöchigen Working-Out-Loud-Circlen, teilnehmen sollten, dann würden diese zwar zwangsweise Circles gründen, aber die Bewegung hätte man in ein unschönes Ende getrieben.

Offenbar gilt also: Sobald formal verlangt wird, was bisher informal aus eigenem Antrieb stattfand, verliert man genau den Charakter der Graswurzelbewegung, der eine Beteiligung attraktiv macht. Dies lässt darauf schließen, dass der Übergang von der Graswurzelinitiative in eine Art „Regelbetrieb", also die feste Verankerung in der formalen Organisation, eine der absolut erfolgskritischen Phasen ist. Und gleichzeitig stellt sich die Frage, ob nicht genau dieser Übergang in den Regelbetrieb notwendig ist, um Momentum zu erzeugen – ein Dilemma? Nun, unsere Vermutung lautet: Mit dem Erreichen ihres Zieles – breite Akzeptanz und Erlaubnis, Verankerung in der Organisation – naht unweigerlich ihr Ende, zumindest in der vorliegenden, informellen Form. Über diesen schmalen Grad werden wir im Rahmen der von uns vorgestellten Initiativen immer wieder ganz individuell reflektieren.

Vom Nährboden zum satten Grün: Zur Definition

Im Verlauf des Buches werden wir daher neben zahlreichen Beispielen dem typischen Lebenszyklus einer Graswurzelbewegung folgen, quasi vom ersten Keim bis zur blühenden Landschaft im besten Fall – oder auch zum versandeten Feld im schlechtesten Fall. Wir schauen hinter Kulissen, wir sprechen mit Menschen und wir suchen nach den Gründen für Scheitern und Erfolg.

Für uns ist eine Graswurzelinitiative eine Bewegung mit Bedeutung, die kulturelle, bisweilen auch wirtschaftliche Rahmenbedingungen im Unternehmen auf ihre eigene Art und Weise verändern will. Diese Bewegung kommt aus der Mitarbeiterschaft heraus und hat für ihr Anliegen, oder für die Art und Weise, wie sie vorgeht, im Regelfall weder Auftrag noch Budget: Sie entsteht informal und ist damit, wie es der große Organisationssoziologe Niklas Luhmann beschreiben würde, zunächst einmal „brauchbar illegal", da sie offenkundig im besten Fall ein augenscheinliches Problem der Organisation löst.

Wenn wir also auf Graswurzelinitiativen schauen, sehen wir folgende Eigenschaften:

- Die Graswurzelinitiative entsteht in der Informalität und findet zum Zeitpunkt ihrer Formierung keine Entsprechung in der Formalstruktur.
- Verantwortlichkeit und Eigenverantwortung: Menschen übernehmen Verantwortung für Themen, für die es entweder keinen Verantwortlichen gibt oder dessen Verantwortlicher sich sichtlich des Themas nicht annimmt.
- Mitarbeitende aus der Mitte der Organisation, nicht Entscheider erkennen,
  - dass etwas schiefläuft (erkannte Defizite) bzw.
  - dass etwas besser laufen könnte (erkannte Potenziale).
- Die Akteure handeln ohne Auftrag oder Erlaubnis.
- Alternativ haben die Akteure zwar einen Auftrag, handeln aber in der Umsetzung explizit gegen bestehende formale und informale Regeln und Prozesse.

- In einer Graswurzelinitiative gibt es (zumindest anfangs) keine Hierarchie oder Projektstruktur mit zugewiesenen Rollen. Die notwendige Führungsstruktur in einer Gruppe handeln die Akteure der Initiative im Laufe ihres Wachstums in der Regel partizipativ aus.
- Die Mitglieder handeln ohne Budget oder müssen Budgets „umwidmen".
- Typisch für Graswurzelinitiativen ist ihr Anspruch, gängige Werte oder Praktiken des Unternehmens – wie beispielsweise die Art und Weise, wie geführt oder kommuniziert wird, – zu hinterfragen. In diesem Sinne gehört es immer auch zur Mission einer Graswurzelinitiative, durch einen oder wiederholte Regelbrüche die Grenzen der Toleranz in der Organisation auszuloten, und die Freiräume geschickt zu nutzen.
- Die Laufzeit einer Graswurzelinitiative ist begrenzt: Entweder geht sie in den Regelbetrieb über und erhält damit formale Relevanz – oder sie verläuft aus unterschiedlichsten Gründen im Sand. In beiden Fällen ist die Graswurzelinitiative endlich.

Viele unserer Beispiele in diesem Buch erfüllen die Kriterien. Dort, wo Kriterien fehlen, weisen wir darauf hin. Uns geht es vor allem darum, deutlich zu unterscheiden zwischen offiziellen Aufträgen an Mitarbeiter und nicht beauftragten Einzelinitiativen, die Breitenwirkung erzielen.

2.3 Der Wind unter den Flügeln von Graswurzelinitiativen: Vernetzung, Demokratisierung, Partizipation

Mehr als vier Milliarden Menschen auf unserer Erde haben derzeit Zugriff auf das Internet. Von ihnen nutzen rund drei Milliarden mehrmals täglich soziale Medien. Neun von zehn Nutzern gebrauchen hierfür ihr mobiles Endgerät. In einer derart vernetzten Welt treten immer mehr Situationen auf, in welchen sich Themen unvorhergesehen entwickeln und damit für das jeweils herrschende System (Gesellschaft oder Organisation) in ihrer Entwicklung nicht mehr kontrollierbar sind.

Vernetzung und neue Machtverteilung

Dieser Effekt lässt sich im politischen Umfeld deutlich beobachten, wenn man Bewegungen wie den hoffnungsvoll begonnenen, dann aber vielenorts wieder erstarrten arabischen Frühling betrachtet. Aktuell sehen wir positive und starke Bewegungen wie #Fridays-ForFuture, deren Erfolg auf den gleichen Pfeilern beruht: Moderne Kommunikationstechnologie macht Entwicklungen möglich, weil Menschen sich plötzlich untereinander schnell und in einem – vermeintlich – geschützten Raum austauschen und organisieren können. Rückblickend kann man anführen, dass der arabische Frühling ein kurzes Wetterleuchten war, weil heute wieder Diktaturen Angst verbreiten und Kommunikation kontrollieren. Aber wir sind davon überzeugt, dass langfristig das Pendel wieder zurückschwingen wird und dies zu den historischen Wellenbewegungen gehört, die in letzter Konsequenz die Richtung hin zu mehr Freiheit für den Einzelnen mit sich bringen.

Dass die Macht der Vernetzung auch ungeahnte Effekte bewirken kann, die gerade nicht für ein mehr an Partizipation und Freiheit stehen, zeigen Beispiele wie die Wahl des US-amerikanischen Präsidenten Trump oder auch der Brexit, der Ausstieg von Großbritannien aus der EU. Diese Entwicklungen sind stark von selbstorganisierten Graswurzelinitiativen vorangetrieben, nutzen die zunehmende Vernetzung auf Plattformen wie Facebook und sorgen mit einfachen, bisweilen fragwürdigen Antworten auf komplexe Fragestellungen für eine verzerrte Darstellung der Realität. So kann die Fülle von Informationen, über die Menschen heute verfügen, um dann ihre Entscheidung zu treffen, nicht über die Notwendigkeit des persönlichen Urteilsvermögens hinweg retten: Das Volumen an verfügbarer Information mag in diesem Sinne sogar kontraproduktiv wirken und am Ende des Tages stellt sich doch die Frage: Wer mag überhaupt beurteilen, was die richtige Entscheidung für eine Nation, oder aber für eine Organisation wie ein Unternehmen ist?

Hohe Vernetzungsdichte – schwindende Kontrollmöglichkeiten

Der viel zu früh verstorbene Forscher Prof. Peter Kruse hat in einem kurzen Auftritt vor der Enquete-Kommission des Bundestages die Effekte beschrieben, die durch die zunehmende Vernetzung und Dynamisierung entstehen:

In seinem BundestagsTV-Video „Revolutionäre Netze durch kollektive Bewegungen" führt Kruse aus, dass einer hohen Vernetzungsdichte, einhergehend mit einer hohen Spontanaktivität, die Tendenz innewohnt, nicht lineare Effekte zu erzeugen, umgangssprachlich, sich Verhältnisse „aufschaukeln" können – mit der Konsequenz der abnehmenden Kontrollierbarkeit. Da diese Effekte weder planbar noch vorhersagbar sind, so Kruse, rät er Entscheidungsträgern aus Politik und Wirtschaft zu einer großen Nähe in Bezug auf Märkte und Gespräche, also den Austausch der Akteure im Netz. Denn nur so sei das notwendige „Gefühl für die Resonanzmuster der Gesellschaft" (Peter Kruse) zu entwickeln.

Schließlich hat die Möglichkeit der Vernetzung das Potenzial, Machtverhältnisse in Organisationen zu ändern:

In kürzester Zeit **viele Menschen erreichen** zu können und **Resonanz** zu finden, bedeutet letztlich **Macht**.

Oder, je nach Perspektive, eine Bedrohung der herrschenden Machtstrukturen, denn Macht resultiert immer auch aus einem Informationsvorsprung, gepaart mit einem Ungleichgewicht der Vernetzung, der Kommunikationsmittel und -kanäle. Die Deutungshoheit obliegt schließlich jenen Akteuren, die im Zentrum der Netzwerke aktiv sind, und damit die jeweilige Information steuern. Oder mit den Worten

46

von Peter Kruse: „Man bekommt einen extrem starken Kunden, einen extrem starken Mitarbeiter und einen extrem starken Bürger."

Wir glauben, dass die zunehmende digitale Vernetzung einen wesentlichen Anteil bei der Entwicklung von Graswurzelinitiativen hat. Man darf dabei sicher nicht annehmen, dass allein, weil es Netzwerke gibt, diese zu neuen Organisationsformen und Initiativen führen. Man kann aber sehr wohl davon ausgehen, dass Menschen, die einen Veränderungsbedarf sehen, in digitalen Plattformen ihre Chance des Austauschs sehen und diese nutzen. Menschen, die in gleicher Weise Missstände wahrnehmen, können damit heute schneller und besser gemeinsam agieren und ganz neue Formen von gemeinsamen Bewegungen entwickeln.

Das Ende der bipolaren Welt

Wenn wir im Rahmen unserer Graswurzel-Diskussion den Begriff der bipolaren Welt bemühen, dann lohnt auch hier der Blick auf die politischen und gesellschaftlichen Entwicklungen. Vom Ende der bipolaren Welt spricht man im Zusammenhang des Endes der Sowjetunion und der Entstehung neuer Machtblöcke. Der US-amerikanische Politikwissenschaftler, Francis Fukuyama, prophezeit demgegenüber in seinem Buch „Das Ende der Geschichte" eine monopolare Welt („der Westen gewinnt"). Die Gegenthese, eine multipolare Weltordnung, ist ebenfalls schon seit Beginn des Jahrtausends im Umlauf.

Von dem, was wir heute überblicken können, ist letztere Perspektive aller Voraussicht nach jene, die sich abzeichnet, und darauf müssen wir uns als Gesellschaft wie als Individuen einstellen: Klare Blöcke, links versus rechts, Sozialismus versus Kapitalismus erscheinen im organisationalen Kontext ebenso überholt wie Hierarchie und Anarchie. Es geht um Mischformen, Grautöne und nicht mehr um Schwarz oder Weiß.

Das Ende bipolarer Strukturen auch in der Arbeitswelt

In Deutschlands Wirtschaftswelt spiegelt sich das Ende der bipolaren Strukturen auch durch das Infragestellen des alten Systems der Tarifpartnerschaften wider. Organisierte Verbände als Interessenvertreter der alten Welt weichen zunehmend fluiden Strukturen, in denen ausgewählte Themen oft über Verbands- oder Parteigrenzen hinweg in gemeinsamen Initiativen vorangetrieben werden.

Und auch in Unternehmen verlaufen die Linien kontroverser Interessen und Erfahrungen immer weniger zwischen Unternehmenslenkern und Mitarbeitenden, sondern zwischen alt und jung, digital nativ und digital naiv, männlich und weiblich oder divers. Diese neuen, fluiden Interessensgemeinschaften fördern das Entstehen von Graswurzelinitiativen, denn sie ermöglichen es, sich über die eigenen, bislang definierten Aufgaben- und Funktionsgrenzen hinweg zu engagieren. Themen, beispielsweise Ansprüche von Arbeitnehmern nach gerechter Behandlung, die klassischerweise früher institutionalisiert von Gewerkschaften oder Verbänden als „Sprachrohr" organisiert „bottom-up" auf die Tagesordnung gesetzt wurden – um daraufhin in abgeschlossenen Räumen „durchverhandelt und entschieden" zu werden, um praktisch „top-down" zurück in die Organisation zu gelangen, kommen heute bedarfsweise spontan, ungeplant und nicht vorhersehbar aus der Mitte.

Neue Formen der Interessensvertretung

Auch in Organisationen bilden sich diese neuen Formen der Interessensvertretung dynamisch, und nicht mehr entlang der alten Demarkationslinien. Wenn Mitarbeitende für mobile Arbeitsplätze streiten, dann kann dies Sachbearbeiter und IT-Vorstand temporär für ein Thema einen und zusammenbringen – hier die einen mit dem Wunsch nach besserer Vereinbarkeit für Familie und Beruf, dort der Unternehmenslenker, der in seinem direkten Umfeld die Arbeitgeberattraktivität erhöhen muss, wenn er nicht die Verantwortung dafür auf sich nehmen will, dass aufgrund veralteter Technik und fehlender Flexibilität die für die Unternehmenszukunft so wichtigen IT-affinen Fachkräfte ausbleiben oder ihm schlimmstenfalls sogar weglaufen.

In solchen Fragestellungen beobachten wir eine Erosion der Macht von Arbeitnehmervertretungen und Gewerkschaften, welche bekanntlich früher das Monopol auf Interessenvertretung aus der Mitte des Unternehmens hatten. Und die sich heute mit Anforderungen und Vorstellungen von Arbeitnehmern auseinandersetzen müssen, die im eindeutigen Machtgefüge einer bipolaren Welt so nicht vorhersehbar waren. Denn dort gab es in gewisser Weise klare Fronten.

So können Graswurzelinitiativen dank der Möglichkeiten virtueller Kommunikation mit wachsender Tendenz zu Rollenvorbildern für Gewerkschaften und Verbände werden, wenn es darum geht, wirksam gemeinsam Organisationen zu verändern. Man darf davon ausgehen, dass es wohl eher kein Zufall ist, wenn wir parallel dazu gerade den Vertrauensschwund im Hinblick auf altbewährte Institutionen beobachten. Parteien und Gewerkschaften verlieren Mitglieder, Politiker und Entscheider verlieren das Zutrauen, die Fragen der Zeit angemessen und im Alleingang zu lösen. Das so entstehende Vakuum, so scheint es die Beobachtung zu bestätigen, nutzen gut informierte und gut abgestimmte Communities, deren Mitglieder sich, wenn auch temporär im Dienste eines gemeinsamen Zieles zusammenschließen, um nicht weniger als Unternehmen oder sogar Gesellschaft zu verändern.

Rückenwind für Andersdenkende

Wir haben in diesem Buch viele Beispiele von Initiativen zusammengetragen, die von dieser neuen Liberalität, von den Freiräumen im Netz und jenen in der realen Welt profitieren: Meetups, Konferenzen und alle möglichen Formen von Veranstaltungen und Plattformen bringen Menschen unterschiedlichster Interessen zusammen.

Die **zunehmende Vernetzung** auf der einen Seite und die **grenzüberschreitenden Effekte** einer multipolaren Welt auf der anderen Seite **verhelfen** vielen **Initiativen zu Rückenwind**.

Wir werden Initiativen kennenlernen, die sich quer zu bestehenden Strukturen und Hierarchien entwickelt haben – oft dank der Möglichkeiten sozialer Vernetzung und digitaler Plattformen. Und auch über Unternehmensgrenzen hinaus gibt es Initiativen, die es wert sind, erwähnt zu werden, denn auch hier gibt es Synergien von Wissen und Erfahrungen – das, was die Netzwerktheorie als den glücklichen Effekt von Wissenszufällen (Serendipität) preist.

In den folgenden Kapiteln werfen wir einen Blick auf Graswurzelinitiativen, die wir in der Praxis kennengelernt haben. In vielen Unternehmen finden sich Gruppen von Menschen, die sich zusammentun, um herrschende Verhältnisse zu verändern, aus ihrer eigenen Sicht sicher immer mit besten Absichten, also zum Guten. Wir wollen die Lernkurve von Graswurzelinitiativen in Unternehmen verstehen und Erfolgsfaktoren ableiten, die anderen Akteuren als Handlungsempfehlung dienen können. Wir untersuchen die verschiedenen Arten von Nährböden und begleiten den Initiator einer Graswurzelinitiative bei seinen ersten Tanzschritten. Wir möchten verstehen: Wer lässt sich so überzeugen, wer hat so viel Mut – oder auch Wut – sich anzuschließen, und natürlich interessiert uns, wie die Regelorganisation reagiert. Wir suchen nach Indizien, wann und wie die Initiative Kraft und Wirksamkeit erlangt. Wir werfen einen Blick auf den unvermeidlichen Widerstand der Regelorganisation, der sich einstellen muss, wenn sichtbar wird, dass hier Kollegen sprichwörtlich aus der Reihe tanzen und Produktivität für ihre selbst gewählte Mission opfern: Wie gehen die Akteure damit um, ohne an Glaubwürdigkeit und Wirksamkeit zu verlieren? Und wir nehmen trotz aller Sympathie für jeden einzelnen der von uns befragten Akteure vorweg: Nicht jede der von uns betrachteten Initiativen erwies sich als erfolgreich – damit wollen wir offen und ohne Illusionen umgehen, und auch hier unsere Eindrücke teilen.

Und auch wenn so manche der von uns in Augenschein genommenen Pfänzlein noch in der Wachstumsphase sind, möchten wir an einem keinen Zweifel lassen: Von all den Mutigen, die heute neue Wege in Unternehmen gehen, erfolgreich oder nicht, können und wollen wir lernen – und auch davon handelt dieses Buch.

50

3 Bewegung aus der Mitte – Woher? Wohin? Wozu?

Sie zeigen sich als InfluBenzer (Mercedes Benz AG), Werkstolz (Deutsche Telekom AG), Connected Culture Club (BMW), WirSindAudi (AUDI AG) oder Grains (Siemens AG).

Sie kommen direkt aus der Mitte ihrer Unternehmen, mit keiner geringeren Absicht, als ihren ganz persönlichen, direkten, unmittelbaren Beitrag zur kulturellen Transformation ihrer Unternehmen zu leisten. Und das selbst, wenn sie keinen Auftrag für ihre Aktivitäten haben, wenn ihr eigentlicher Auftrag, wofür sie Monat für Monat bezahlt werden, lautet: Sei produktiv und mach deinen Job!

Nun, wer, wenn nicht sie – aus der Mitte der Organisation kommend, mit viel persönlicher Erfahrung, mit einem starken Netzwerk und mit der nüchternen Erkenntnis von Potenzialen und Defiziten der Organisation wäre besser qualifiziert, die Geschicke ihres Unternehmens wirksam mitzugestalten?

In kaum einem der von uns untersuchten Fälle wird das auf Anhieb so glasklar, wie bei der WIRsindAudi-Initiative von Gregor Szczeponik und Alfred Weck. Denn ihre Geschichte beginnt nicht in den gläsernen Büros, sondern direkt in der Werkshalle eines großen, erfolgreichen Automobilherstellers. Szczeponik arbeitet seit über 20 Jahren Nachtschicht bei Audi am Band. So war der 41-Jährige nach einer Ausbildung auf dem Bau in das Unternehmen eingestiegen, und es schwingt heute noch eine gute Portion Stolz mit, wenn er von diesen Anfängen erzählt. Irgendwo in diesem Werksuniversum hat auch Alfred Weck mit ähnlichem Stolz seine ersten Schritte unternommen. Der gelernte Bürokaufmann hat lange versucht, ins Unternehmen zu kommen, und erst nach zwölf Jahren hat es über eine Zeitarbeitsfirma geklappt. Nach einigen Jahren der lukrativen Nachtschicht ging es für Weck zurück in die Wechselschicht, wo er bis heute, ebenfalls am Fließband, seinen Job versieht.

Signifikant für viele unserer Gesprächspartner und auch für diese beiden Akteure: Man ist stolz auf das eigene Unternehmen, auf die Produkte, und man ist umso betroffener, wenn die negativen Schlagzeilen gar nicht mehr enden. So hat die in der Region bedeutendste Tageszeitung, der Ingolstädter „Donaukurier", spätestens seit dem deutschlandweit bekannt gewordenen Dieselskandal eine Schlagzeile nach der nächsten über den größten regionalen Ingolstädter Arbeitgeber AUDI publiziert. Alle diese Schlagzeilen greifen Mitarbeitende des Unternehmens auf und machen ihrem Ärger, ihrer Frustration, ihrer Resignation ganz offen Luft: Und zwar im öffentlichen sozialen Netzwerk Facebook. So entwickelt sich dort ein verbaler Schlagabtausch unter Mitarbeitenden und Nicht-Mitarbeitenden, der praktisch das gesamte Unternehmen virtuell „in Sippenhaft" nimmt. Einen schlimmeren PR-Gau kann es eigentlich für ein Unternehmen nicht geben, und gleichzeitig zeigt gerade der Dieselskandal, wie schwer sich Unternehmen auch und gerade in Zeiten laufender Verfahren tun, auf ein solch kritisches Bild in der Öffentlichkeit adäquat zu reagieren.

Da darf es schon fast als Glücksfall angesehen werden, dass stolze Audianer wie Szcezponik und Weck, die sich besorgt darüber austauschen, in welches Licht ihr eigentlich geschätzter Arbeitgeber da gerückt wird (und damit die gesamte Belegschaft), die Initiative ergreifen. Sie tun sich zusammen und loten ihre Möglichkeiten aus, für ein anderes Bild ihres Arbeitgebers in der Belegschaft, aber auch in der Öffentlichkeit zu sorgen. Zunächst schalten sich die beiden in die Diskussionen auf Facebook ein in der Absicht, diese konstruktiv, objektiv, positiv zu beeinflussen. In einem nächsten, klug gewählten Schritt laden sie jene Akteure, die sich kritisch auf Facebook über das Unternehmen äußern, in eine geschlossene Gruppe ein: WIRsindAudi soll den besorgten, bisweilen negativen Stimmen einen Raum geben, aber gleichzeitig dafür sorgen, dass die kritische Diskussion in zivilisierten Bahnen verläuft. Die Zielrichtung lautet: Wie können wir, als stolze Mitarbeitende, den hämischen, spöttischen Stimmen – die ja auch jeden von uns selbst ins Mark treffen – etwas entgegensetzen? Seit ihrer Gründung im August 2016 hat ihre Gruppe einen enormen Zulauf entwickelt. Sie wird die Informationsdrehscheibe für Kollegen aus der Fertigung, und die beiden Freizeit-Community-Manager (denn alles, was sie hier für ihr Unternehmen leisten, erfolgt in der Freizeit) gehen äußerst umsichtig mit dem Vertrauen um, das ihnen die bis heute rund 4.200 Mitglieder starke Community schenkt.

„Wir möchten jede und jeden bei Audi erreichen", so stellen es sich Szczeponik und Weck vor. Aber was ist das Ziel? „Wir wollen unseren Beitrag zum Kulturwandel leisten", sind sich beide einig, und sie sind überzeugt, dass dabei die Kollegen in den Werkshallen nicht vergessen werden dürfen. „So viel hängt davon ab, inwieweit sich unsere Kollegen mit unseren neuen Produkten identifizieren. Wir haben alle auf Verbrennungsmotoren gelernt, das ist doch unser ganzer Stolz gewesen. Jetzt müssen wir uns mit eMobilität beschäftigen, uns schließlich auch damit identifizieren – und das gilt auch für die Kollegen am Band. Dabei müssen wir doch auch wieder alle an einem Strang ziehen, wenn das unsere Zukunft ist!"

Allein dieses Beispiel zeigt, dass Unternehmen sich mit einer echten Zeitenwende konfrontiert sehen: Wann haben sich Werksmitarbeiter jemals solche strategischen Fragen zur Zukunft gestellt, und wann haben sie jemals die Kraft und Wirksamkeit entfalten können, ungeachtet ihrer Rolle am Band ihr Unternehmen auch kulturell mitzugestalten? Und auch das ist neu und spiegelt lediglich die Widersprüche unserer gegenwärtigen und noch mehr einer künftigen Arbeitswelt wider: Denn anders als wir es aus der alten Arbeitswelt kennen, sind sich Menschen wie Szczeponik und Weck gar nicht so sicher, wie ihre Initiative nun weiterlaufen wird. Es sind zwar einige Aktivitäten geplant, und die beiden träumen von einem großen Event, bei dem alle gewerblichen Kollegen, vielleicht sogar welche jenseits der Werksmauern, mitwirken und mitgestalten können: „Raus aus dem Silo", unterstreicht Weck wiederholt, denn rund um ihren Arbeitgeber gibt es eine Vielzahl gewerblicher Zulieferbetriebe, die sicher mit den gleichen Herausforderungen kämpfen.

Ohne es so zu nennen, greifen die **Akteure** die zeitgemäße Idee von **Synergien, Wissenszufällen** und **Ökosystemen** über Organisationsgrenzen hinweg auf.

Schnell stellt sich in der Metrik der alten Unternehmenswelt die Frage nach dem messbaren Erfolg. Ein Kritiker würde fragen: Habt Ihr mit dem von Euch betriebenen Aufwand einen Kunden hinzugewonnen, eine Stunde Produktivzeit oder Einkaufskosten eingespart? Nun, auch uns war die Frage nach der Messbarkeit und Sichtbarkeit bei jedem Gespräch schnell in den Sinn gekommen. „Was habt Ihr denn nun wirklich verändert, was ist geblieben, welchen (im Zweifelsfall messbaren) ,Impact' habt Ihr denn erzeugt?" Doch je mehr wir mit verschiedensten Initiatoren gesprochen haben, desto klarer wurde uns Gespräch für Gespräch: Genau diese Metrik versagt hier, denn es geht vielfach zwar um das *was*, aber noch viel mehr darum, *dass* Bewegung erzeugt wurde, intrinsisch motiviert und nahezu immer mit der Erkenntnis, dass es Mitstreiter gibt, die gemeinsam an ihrer Seite an den gleichen Potenzialen und Defiziten der jeweiligen Organisation arbeiten wollen.

3.1 Nährboden: Die äußeren Motivatoren für Graswurzelinitiativen

Was bringt Menschen dazu, sich gegen alle Widerstände des „das war bei uns schon immer so" und des „das können, wir auf unserer Ebene nicht ändern", mit hohem Risiko und nicht selten im Alleingang, jenseits ausgetretener Pfade auf den Weg zu machen? Welche Voraussetzungen müssen gegeben sein, damit Mitarbeitende ihr Unternehmen nicht desillusioniert verlassen, sondern aus Verbundenheit zur Marke, zu den Menschen, zum eigentlichen Unternehmenszweck bleiben, mit der Bereitschaft, ihren Mut zusammenzunehmen, um couragiert bei der Veränderung selbst vorwegzugehen? Und die es daher wagen, sich ungeachtet ihrer „eigentlichen Aufgaben", wenn es sein muss auch gegen die herrschenden, erlaubten, genehmigten, geschriebenen und ungeschriebenen Regeln zusammenzutun – mit dem klaren Plan zu wirken, die Geschicke des Unternehmens auf ihre Weise mitzugestalten? Auf welchen Nährböden gedeihen Graswurzelinitiativen? Aber auch: Was sind typische Motive, wenn Mitarbeitende gegen die herrschende Trägheit der vermeintlichen Ohnmacht eine solche Energie entwickeln, die das Potenzial hat, Aspekte der Organisation oder der vorherrschenden Kultur aus der Mitte heraus zu transformieren oder zumindest zu beeinflussen? In unseren Gesprächen mit den Akteuren über deren Motive haben sich einige typische Muster herauskristallisiert, die den Boden für Graswurzelinitiativen bereiten.

So identifizieren wir einerseits *typische Nährböden*, also Rahmenbedingungen, die einen Freiraum eröffnen, Themen auf größerer Front neu zu denken, wie

- die Mutation einer ursprünglich in der Regelorganisation entstandenen Initiative und
- die intelligente Nutzung von absichtlich oder zufällig in der Regelorganisation entstandenen Freiräumen.

Aber auch *individuelle Motive*, also aus der Situation heraus entstehende, bisweilen sehr individuelle Beobachtungen und Erfahrungen, die die Energie und den Mut für Veränderung liefern, spielen eine Rolle, wie

- die Frustration über die Grenzen der persönlichen Wirksamkeit oder über dysfunktionale Organisationsstrukturen und Regelwerke und
- persönliche Wertekonflikte.

Diese Muster wollen wir uns etwas genauer anschauen.

1. Die Mutation einer ursprünglich in der Regelorganisation entstandenen Initiative

Um es klar zu sagen: Es ist keineswegs so, dass Entscheider in traditionellen Unternehmenskulturen blind wären für die fundamentalen Veränderungen, die vor den Toren ihrer Werke und Büros vor sich gehen. Auch in den beharrlichsten unter den traditionellen Organisationen, unabhängig von ihrer Größe, pfeift der Wind der Veränderung merklich und bisweilen bedrohlich durch Tür- und Fensterritzen. Doch wie gehen Unternehmen damit um? In der Regel setzt die Unternehmensführung ein Veränderungsprogramm auf, holt Changemanagement-Experten ins Haus und fordert die Belegschaft in „Townhall Meetings" und „Letters from the CEO" bestenfalls auf, kreative Lösungen für die erkennbaren Herausforderungen zu entwickeln, und zwar in genau der von der Unternehmensführung dafür vorgesehenen plan- und messbaren Form. In den noch weniger wirksamen Fällen kommen die Lösungen direkt aus der Führungsetage, von Entscheidern erdacht und per Dekret verordnet.

Der Erfolg solcher Ansätze ist offen gestanden ernüchternd. Zumindest, wenn man den Schätzungen des weltberühmten Veränderungs-Experten John P. Kotter von der Harvard Business School Glauben schenken mag. Laut seiner Analyse scheitern fast drei Viertel aller Veränderungs-Vorhaben in Unternehmen, auch und gerade, weil Mitarbeitende in Organisationen vielfach Schwierigkeiten haben, die Initiativen aus ihrer Perspektive zu verstehen, zu adaptieren und umzusetzen. Zudem: Veränderung ist Anstrengung und Aufwand für die Initiatoren wie für jene, die sie umsetzen müssen. Und selten gelingt es Unternehmenslenkern, eine aus ihrer Sicht vornehmlich wirtschaftlich motivierte, durchaus logisch konzipierte Veränderungsmaßnahme in Sinn und Nutzen für die Umsetzer, nämlich die Mitarbeitenden, zu übersetzen. Die daraus resultierenden, auf beiden Seiten unerfüllten Erwartungen sind auch Folge des bis heute populären Wunschdenkens, Unternehmenskultur ließe sich entwerfen oder neu aufsetzen, und im Idealfall installieren. Wie wusste schon Peter Drucker, der berühmte Managementberater? „Culture eats strategy for breakfast".

Und selbst Veränderungsinitiativen, die mit besser gewählten Ansätzen starten, scheitern häufig dann, wenn sich Rahmenbedingungen, Budgets oder Verantwortlichkeiten und Zuständigkeiten während der Projektlaufzeit ändern. In diesen Fällen hinterlassen sie allzu häufig Kollateralschäden wie Frustration und verlorene Glaubwürdigkeit in die Pläne der Entscheider. Schließlich, so manche sinnvolle, top-down-verordnete Veränderungs-Maßnahme gilt vorschnell als erfolglos, weil sie an Kenngrößen gemessen wird, die zwar in der Technologiewelt oder in der Vorstellung eines Controllers legitim sein mögen, sich aber für die Bewertung kultureller Prozesse ähnlich gut eignen wie etwa ein Maßband zur Qualitätsprüfung eines Vier-Gänge-Menüs.

In genau diesen Situationen jedoch, so beobachten wir, schlägt bisweilen die Stunde für Graswurzelinitiativen: Dann kann es nämlich passieren, dass Beteiligte des vor dem Aus stehenden Veränderungsprojektes, das aus ihrer Sicht gerade Fahrt aufgenommen hat und in die richtige Richtung läuft, ihren eigenen Weg finden, um die ganz offenkundig sinnvolle Initiative am Leben zu erhalten. Sie entwickeln sie kurzer Hand auf eigene Faust weiter, selbst wenn der offizielle Auftrag und damit die Erlaubnis, Zeit und finanzielle Mittel zu investieren, bereits erloschen ist. Solche Mitarbeitenden agieren aus ihrer tiefen Fach-, Sach- und operativen Unternehmenskenntnis sowie aus ihrer persönlichen Einsicht, dass jene Grundidee, die nun zur Disposition steht, im Veränderungsbemühen des Unternehmens ihre volle Berechtigung hat und Hoffnung auf Erfolg verdient.

Tobias Bantzhaff, Dorothee Heckmann und Andrea Demaria sind solche Selbst-In-die-Hand-Nehmer. Alle drei sind motivierte Siemens-Mitarbeitende, die nicht der Frust auf das bestehende System, sondern die Lust treibt, Neues auszuprobieren. Demaria und Bantzhaff nehmen 2015 an einem in ihrem Umfeld, der Corporate IT, ausgelobten Hackathon teil, einem Kreativ-Contest, bei dem besonders vielversprechende Vorschläge einen ideellen Experimentierraum zur Erprobung des von ihnen ausgearbeiteten Formates erhalten.

Die Selbstorganisations-Enthusiasten, die auf eigene Faust außerhalb des Unternehmens Kontakte zu den zunehmend entstehenden Selbstorganisations-Initiativen anderer Konzerne pflegen, sind fasziniert vom Konzept der Holakratie. Dessen Name leitet sich vom Griechischen „Holon" ab, was übersetzt bedeutet „Teil eines Ganzen zu sein". Als Pionier dieser Organisationsform gilt der US-amerikanische Unternehmer Brian Robertson. Robertson hatte auf der Suche nach einer sozialen Technologie, mit der er seine Firma beabsichtigte umzustrukturieren, das quelloffene Organisationssystem Soziokratie zu einem lizenzpflichtigen Organisationskonzept weiterentwickelt. In einer Holakratie, so der Ansatz, treffen Beschäftigte eigenständig Entscheidungen dort, wo diese benötigt werden – und nicht drei Hierarchie-Ebenen höher – also weit entfernt vom eigentlichen Problem, bisweilen von der eigentlichen Sachkenntnis und – viel wichtiger: vom Kunden. In einer Holakratie haben Mitarbeitende keine Funktionsbeschreibungen wie „Marketingleiter" oder „Produktentwickler", sondern bringen sich gleichwertig als Experten für einzelne Aufgaben ein. Anstelle hierarchischer Strukturen treten Rollen, engverzahnte Kreise und Zellen, die selbstständig agieren. Das Ergebnis sind höchst strukturierte Kommunikationsprozesse, die anders als die traditionelle Hierarchie mit ihrer Struktur persönlicher Positionsmacht, partizipative Entscheidungen auf Augenhöhe ermöglichen.

„Was wäre, wenn wir es in **unserer Einheit**, vielleicht sogar im **gesamten Unternehmen** irgendwann schaffen, das alte, ausgediente Kommunikationssystem **Hierarchie** gegen das partizipative, zeitgemäße Kommunikationssystem **Holakratie** zu **tauschen**?"

Dieses faszinierende Gedankenspiel erarbeiten die Kollegen auf eben jenem Kreativ-Contest. Dabei ist klar: Für diese neue Form der Kommunikation müssten Mitarbeitende natürlich zunächst qualifiziert werden, die hier geltenden Rollen und Abstimmungsprozesse eingeübt werden. Die erteilte Freigabe für dieses Experiment schafft den Raum, mit Kollegen Erfahrungen zu sammeln, um herausfinden, was funktioniert, vor allen Dingen, wenn es um die Anschlussfähigkeit des neuen Kommunikationssystems an das bereits existierende geht, also den Übergang von einem hierarchischen in ein soziokratisches System.

Wie zu erwarten, erreicht das Experiment schnell seine Grenzen, die ersten Erfahrungen sind ernüchternd. Herausforderung Nummer eins: Für die Mitstreiter ist es schwer, sich neben ihren eigentlichen Aufgaben ausreichend Zeit für die zusätzliche Arbeit in der Gruppe zu nehmen. Zweitens: Nicht alle Führungskräfte sehen es gern, wenn ihre Mitarbeitenden ihre produktiv beplante Arbeitszeit in einem nicht operativen und nach gängiger Lesart unproduktivem Experiment verbringen. Und so dauert es nicht lang, bis die ersten kritischen Fragen auftauchen: Was genau macht ihr da, wie produktiv seid ihr, wo bleiben Resultate? Die Macher geraten in Rechtfertigungsnot, denn Erfolg in der althergebrachten Metrik Umsatz-Kosten-Produktivität lässt sich von einer Initiative wie dieser kurzfristig nicht ableiten, noch viel weniger, da es sich um ein Modellprojekt handelt, dem ja der operativ-wirtschaftliche Inhalt fehlt.

Vor allem aber lebt der Erfolg eines partizipativen, soziokratischen Kommunikationssystems vom gemeinsamen Ziel, das die Menschen, die der Organisation angehören, im Kern zusammenhält, und das damit eindeutig wie ein Kompass die Richtung für alle gemeinschaftlichen Aktivitäten vorgibt: Ein Antrieb, der bei einer zusammengewürfelten Gruppe von Selbstorganisations-Begeisterten ohne gemeinsamen inhaltlichen Auftrag nur schwer simuliert werden kann. Die Erkenntnis: Das Projekt bleibt trotz des anfänglichen Enthusiasmus der Beteiligten blutleer.

Zur Mutation kommt es, als die Idee der partizipativen Entscheidungsstrukturen die Hauptakteure auch nach dem offiziellen Ende ihrer genehmigten Aktivitäten nicht loslässt. Und sie mündet gegen Ende 2016 in die Formierung einer deutlich größeren, nicht genehmigten Initiative: Gemeinsam gründen Bantzhaff, Demaria und Heckmann die „Grains", eine schnell wachsende, funktions-, standort- und regionenübergreifende sowie interdisziplinäre Gruppe von Siemens-Mitarbeitenden, die sich über das interne virtuelle Netzwerk sowie das persönliche Netzwerk ihrer Initiatoren findet. Der gemeinsame Nenner ist die Überzeugung, im Sinne eines besseren Entscheidens und Zusammenarbeitens im Konzern zu wirken, oder in anderen Worten, das herrschende Kommunikationssystem „Hierarchie" mit seiner autokratischen Entscheidungsstruktur zu hinterfragen. Die Vision: Eine neue Organisationsform soll in einem komplexen Umfeld zu wirtschaftlich, aber auch ethisch nachhaltigeren Ergebnissen führen, und ethisch bedeutet: Sinn, Partizipation, Transparenz, ein zeitgemäßes, demokratisches Miteinander. Ganz ohne Auftrag, ohne Budget, ohne Mandat, und ja, nicht immer unter Zustimmung aller Entscheidungsträger werden die „Saatkörner" große Kreise im Konzern ziehen. Auch von ihnen werden wir im weiteren Verlauf dieses Buches noch mehr hören.

2. Die intelligente Nutzung von absichtlich oder unabsichtlich entstandenen Freiräumen

Unter den Parametern, die die Entstehung von Graswurzelinitiativen fördern, ist der unbeabsichtigte Zufall womöglich der überraschendste. So beobachten wir, dass sich aus Werkzeugen oder Methoden, die in ursprünglich anderer Absicht implementiert werden, praktisch ungeplant und durch die Hintertür unerwartet das eigentliche, für die Organisation entscheidende Veränderungspotenzial entwickelt. Dazu gehören beispielsweise die „Enterprise Social Networks" (ESN). Diese internen sozialen Netzwerke halten in den letzten Jahren zunehmend Einzug in Unternehmen. Sie ermöglichen es Mitarbeitenden, sich analog der öffentlichen sozialen Plattformen wie Facebook oder LinkedIn miteinander zu vernetzen. Dazu gehört im Unternehmenskontext, Wissen zu teilen, Communities oder Gruppen zu konkreten unternehmerischen, aber auch strategischen Fragestellungen ins Leben zu rufen und Informationen, die funktionsübergreifend nützlich sein könnten, proaktiv und barrierefrei, also ohne Rücksicht auf die herrschenden Kommunikationslinien auszutauschen.

60

Initiiert sind diese Plattformen in der Regel mit dem ursprünglichen Ziel, das in Organisationen schlummernde Wissen sichtbar und verfügbar zu machen. So bezeichnet das schwäbische Traditionsunternehmen Bosch sein internes soziales Netz „Bosch Connect" als „future backbone of organizations". Und Harald Schirmer, Manager Digital Transformation der Continental AG, stellt rückblickend fest: „Eine Digitale Transformation ohne ESN? Keine Chance!"

Dass sich auf diese Weise parallel zur Hierarchie sukzessive und weitgehend unkontrolliert abweichende Kommunikationsstrukturen herausbilden, ist eine Nebenwirkung, die der Bildung von Graswurzelinitiativen in hohem Maße Vorschub leistet. Denn ESNs sind ideale Werkzeuge, um Mitarbeitende um einen konkreten gemeinsamen Zweck oder Sinn zu organisieren. Mit ihnen lassen sich Informationen in Echtzeit sowie über Abteilungs- und Hierarchieebenen hinweg austauschen, Meinungen formieren und Entscheidungen treffen, und all das in einer Geschwindigkeit, die der schwerfälligen traditionellen Hierarchie mit ihren klar geregelten Berichts- und Kommunikationsprozessen unmöglich ist.

Je weiter sich solche Plattformen etablieren, umso tiefgreifender sind ihre sozialen Begleiterscheinungen, und umso stärker entwickeln sie sich zu Treibern von Veränderung in Unternehmen. So erfreut sich das Peer-Learning-Programm Working Out Loud (WOL), das Menschen auf niederschwellige Weise Vernetzungskompetenz vermittelt, auch deshalb wachsender Beliebtheit, weil – so der Vernetzungstheoretiker Prof. Peter Kruse – die immer dichtere Vernetzung automatisch die Macht des Einzelnen stärkt: Jeder hat plötzlich eine Stimme, Themen können sich ohne Kontrolle durch Geschäftsleitung oder Unternehmenskommunikation hochschaukeln, und Mitarbeitende genießen Zugang zu Informationen, die ihnen über den offiziellen Berichtsweg verschlossen geblieben wären. Der geistige Vater des Lernprogramms Working Out Loud, John Stepper, verweist auf den Nebeneffekt, dass durch die Vernetzung Mitarbeitende die Kontrolle über ihre berufliche Entwicklung erhalten – sie müssen sie nur zu nutzen wissen. Denn ein vernetzter und gut informierter Mitarbeitender ist zugleich ein unabhängiger Mitarbeitender, der freier beurteilen und entscheiden kann, welche seiner Talente er an welcher Stelle im Unternehmen einbringt – oder, ob er es besser verlassen sollte.

Vor allem aber: Die Möglichkeit, mit einem beliebigen Anliegen, mit Ideen und Kritik jederzeit eine unternehmensinterne Öffentlichkeit zu erreichen, Resonanz zu erzeugen, Gedanken im Austausch mit Gleich- oder Andersgesinnten zu schärfen und verstärken zu können, bedeutet einen enormen Zuwachs an Selbstbewusstsein, Kontrolle, Verantwortung und Macht im positiven Sinne.

So gesehen könnten sich die **Mitarbeiternetzwerke**, die zum **Austausch von Informationen** erdacht wurden, als der stärkste **Hebel zur Veränderung** von Machtstrukturen in Unternehmen entpuppen.

Marcus Raitner, New-Work-Vordenker, Autor und Agile Coach bei der BMW Group interpretiert die interne Vernetzung von Organisationen als „Bedrohung der herrschenden Machtstrukturen". Denn Macht basiere „immer auf einem Informationsvorsprung und einem Ungleichgewicht der Vernetzung, der Kommunikationsmittel und -kanäle und damit der Breitenwirkung und Deutungshoheit". Und diese Machtbastion könnte dank der technischen Möglichkeiten uneingeschränkter sozialer Vernetzung von Mitarbeitenden sowie von deren Wissen und Erfahrung in den sogenannten Enterprise Social Networks (ESN) bald Geschichte sein.

Davon weiß auch Harald Schirmer zu erzählen. Schirmer, Konzerngewächs und Missionar in einer Person, kann sich das Schmunzeln nicht verkneifen, wenn er an seinen Werdegang bei der Continental AG denkt. „Zwanzig Jahre bin ich gegen eine Mauer gerannt – und irgendwann begann sie zu bröckeln." Dem Manager Digitale Transformation bei der Continental AG schien die Chance, eine so einflussreiche Aufgabe in einem namhaften Unternehmen einzunehmen wie auch seine Prominenz als Blogger und Autor zunächst nicht ins Stammbuch geschrieben zu sein. Dass er heute gemeinsam mit der Arbeitsdirektorin seines Arbeitgebers, Dr. Ariane Reinhard, ein Interview gibt, in dem beide auf Augenhöhe ganz persönliche Erfahrungen mit der Transformation teilen und Reinhard ihn dabei als „Vorbild" bezeichnet, erscheint im Rückblick ziemlich überraschend.

Denn Schirmer startete sein Berufsleben 1989 bei der Continental AG in einer gewerblichen Funktion und ohne akademischen Hintergrund. Ein Umstand, der ungeachtet von Persönlichkeit und Fähigkeiten im Regelfall auch heute noch dafür sorgt, früher oder später an die berüchtigte „Glasdecke" zu stoßen. Zudem sind gewerbliche Mitarbeitende in Unternehmen selten sichtbar, was ihre Möglichkeiten, andere als Rollenmodell zu inspirieren, stark limitiert. Sei es drum, es passt zu Schirmers Persönlichkeit, sein Wirken nicht in den Dienst von Karriere, Konvention und Konformität zu stellen. Und dennoch: Vermutlich ist es gerade seine Persönlichkeit, nämlich eine sehr individuelle Mischung aus Freundlichkeit, Optimismus, Neugier und Beharrlichkeit, die den wesentlichen Teil seines Erfolgs ausmacht – und zwar jenseits von Posten und Positionen. Denn heute genießt Schirmer verdientermaßen Anerkennung auch ohne akademischen Background und weit über die Unternehmensgrenzen der Continental AG hinaus. Eine fundierte systemische Ausbildung zum Organisationsentwickler trug ebenso zu seinem professionellen Werden bei, wie umfangreiche praktische Erfahrungen mit Veränderungsprojekten oder als selbstständiger Unternehmer in diversen Kreativbereichen wie Webdesign oder Fotografie. Wissen ist Macht? Schirmer verfolgt genau das Gegenteil – und zwar mit großem Erfolg: Er teilt sein Wissen – transparent, uneingeschränkt offen und kompromisslos. So lautet sein für alle sichtbares Credo, echte soziale Vernetzung nicht nur technisch, sondern insbesondere kulturell vorzuleben. In seinem privaten Blog teilt er maximal offen auch seine beruflichen Erfolgsrezepte, und als Gast, Mitgestalter, Teilnehmer und Diskussionspartner auf zahlreichen Veranstaltungen und Kongressen bleibt er keine Antwort schuldig.

„Alles, was ich tue, folgt einer **Logik**", erzählt Schirmer. „Bin ich **unzufrieden** mit dem **Status Quo**, suche ich nach einem **Lösungsweg**, und frage mich: **was kann ich tun**, um andere zu überzeugen, mit mir das Problem zu lösen?"

Und so passt es auch zu Schirmer, dass er die preisgekrönte Einführung der sozialen Vernetzungstechnologie 2012 bei der Continental AG unterstützen will mit der Initiierung des von ihm entwickelten „Guide-Programms". Dabei handelt es sich um eine Initiative, die veränderungsaffine Mitstreiter in der Organisation für ein Mentorenprogramm zusammenbringt, ermutigt, ausbildet – und im Sinne der Gesamtorganisation sattelfest machen soll, um als Rollenvorbilder Vernetzung und das Teilen von Wissen vorzuleben.

Diese Gruppe gilt heute als ein Nukleus des Wandels seines Unternehmens: Eine weltweit vernetzte Community von Mitarbeitenden, mittlerweile von anfangs 400 Mitarbeitenden angewachsen auf weltweit 2.000 Guides, die sich neben ihrer Arbeitsaufgaben für die vernetzte Arbeitswelt der Continental engagieren. Ihr Ziel: Vernetzung vorzuleben, Kollegen zu unterstützen und Kommunikation und Kollaboration in der Kultur des Unternehmens zu etablieren. Schirmer weiß zu diesem Zeitpunkt schon, welche verborgene Kraft in Netzwerken steckt. Seiner Zeit weit voraus und immer neugierig, erforscht er zunächst für sich die Wirkung externer sozialer Netzwerke, treibt als IT-ler ein Projekt für die Vernetzung aller Konzernmitarbeitenden weltweit voran. Anders als andere Akteure von Graswurzelinitiativen ist Schirmer dabei weder von Werte-Differenzen noch von persönlicher Frustration, sondern von einem ganz anderen Motiv getrieben: Der aufrichtigen und rein positiv motivierten Lust, gemeinsam mit Mitstreitern aus dem Unternehmen den Freiraum, der durch die Einführung des virtuellen Netzwerks im Unternehmen entstanden ist, konstruktiv mitzugestalten.

Überzeugt, dass Werkzeuge allein kaum reichen, damit Abteilungsschranken fallen und Menschen bereichs- und hierarchieübergreifend kommunizieren und zusammenarbeiten, initiiert er mit dem Guide-Netzwerk eine Initiative, die die Kollaboration im Konzern quasi von der Graswurzel her auf den Weg bringt. Er liefert damit ein hervorragendes Beispiel dafür, wie sich Konzerninitiativen auf höchst wirksame Art und Weise „aussäen" lassen, wenn einem Vordenker Freiraum gewährt wird – oder dieser ihn sich nimmt.

3. Die individuelle Frustration über die Grenzen der persönlichen Wirksamkeit – oder über dysfunktionale Organisationsstrukturen und Regelwerke

In seiner sogenannten Maslowschen Bedürfnishierarchie beschreibt der amerikanische Psychologe Abraham Maslow bereits vor rund 80 Jahren Bedürfnisse und Motive von Menschen anhand ihrer existentiellen Prioritäten. So finden sich auf den beiden untersten Stufen seines Modells generische Grundfunktionen des Lebens wie Wohnen, Essen, Schlafen. Sind diese Basisbedürfnisse gesichert, entwickeln Menschen, so das Modell, weitere Bedürfnisse: Dazu gehören soziale (Stufe 3: Zugehörigkeitsgefühl zu Familie, Freundeskreis, Gesellschaft) und individuelle Bedürfnisse (Stufe 4: Wunsch nach Anerkennung und persönlicher Wichtigkeit), genauso wie das Bedürfnis nach Selbstverwirklichung (Stufe 5: Entfaltung individueller Talente, Potenziale und Kreativität).

Wenngleich dieses Denkmodell komplexe Mechanismen stark vereinfacht, scheint uns die Bedürfnispyramide doch heute noch logisch und historisch nachvollziehbar. Die verarmte Landbevölkerung, die zu Beginn der Industrialisierung in die Städte zog, tat dies zunächst aus purer wirtschaftlicher Not und in der Hoffnung, als Fabrikarbeiter die Existenz zu sichern. Zwei Weltkriege und ein Wirtschaftswunder später erlaubte es der wachsende Wohlstand, Erwerbstätigen über die Grundbedürfnisse hinausgehende, individuelle Bedürfnisse wie Mobilität (einen eigenen PKW), persönliche Verwirklichung (Urlaub, Hobbies) oder komfortablere Wohnverhältnisse zu befriedigen. Eine kuriose Begleiterscheinung dessen war im Übrigen die als „Fresswelle" bekannt gewordene Phase: Nach den Entbehrungen des Krieges entwickelten die Deutschen einen immensen Hunger auf reichhaltiges, kostspieliges, fettes Essen. Mit Gänsebraten, Nackensteak und Mehlschwitze zogen unter deutschen Dächern bald auch Phänomene wie Übergewicht und Diätkonzept ein.

Parallel dazu setzte sich in den Nachkriegsjahrzehnten zunehmend ein tieferes Demokratieverständnis durch. Bildungsinitiativen und Sozialdemokratisierung ließen das in den Köpfen vieler Deutscher tief verwurzelte Klassen-Denken zunehmend verblassen.

Und heute? Blicken wir auf die Maslowsche Pyramide, so sind wir längst an ihrer Spitze angelangt. Nach wie vor arbeiten Menschen, um ihre Lebenshaltung zu finanzieren. Darüber hinaus jedoch entwickelt sich zunehmend der Anspruch an Erwerbstätigkeit, selbstwirksam zu sein und Sinn in der beruflichen Aufgabe zu finden. Und so steht mehr und mehr die Forderung von Mitarbeitenden im Zentrum, den Zweck, die Strategien, die Zukunft des eigenen Arbeitgebers nicht nur zu verstehen und umzusetzen, sondern diese mit zu gestalten.

Ein Generationenthema? Nun, die unterschiedlichen Generationen in einer Belegschaft unterscheiden sich hier allenfalls in ihrer individuellen Frustrationstoleranz. Nehmen junge Mitarbeitende wahr, dass ihre Meinung, ihr Potenzial, ihre Talente im Unternehmen keine Resonanz finden, dass ihr Unternehmen also im Wortsinn keinen Sinn macht, sehen sie sich häufig schnell nach anderen Arbeitgebern um. Erfahrenere Mitarbeitende stellen nach unseren Beobachtungen häufig sehr ähnliche Ansprüche an Arbeit und Arbeitgeber. Allerdings suchen sie eher als die Jüngeren nach Wegen, sich ihren Werten und Ansprüchen entsprechend im Unternehmen einzubringen, selbst wenn dies nicht in ihrem unmittelbaren Aufgabengebiet liegt. Denn Arbeitnehmer älterer Generation sind in der Regel in hierarchischen Systemen wie Elternhaus und Unternehmen sozialisiert, mithin in Strukturen, die von Positionsmacht, Schornsteinkarrieren, Privilegien und Entscheidungsgewalt in der Führungsrolle geprägt sind. Viele von ihnen haben noch die Phasen der Massenarbeitslosigkeit in den 80er- und 90er-Jahren miterlebt; eine einschneidende Erfahrung, die den sicheren, angestammten Job als etwas Wertvolles erscheinen lässt, das man nicht so schnell aufgeben sollte. Motto: Im Job suchst du nicht das Glück – Glück ist, einen Job zu haben. Für sie ist der historisch hohe Anteil exzellent ausgebildeter und damit gefragter Mitarbeitender, deren Ansprüche an die Mitgestaltung von Unternehmen heute mehr und mehr als selbstverständlich gelten, eine neue Erfahrung.

Noch vermischen sich die beiden Welten. In den Belegschaften der Unternehmen trifft man heute auf eine Kombination beider Altersgruppen, Mentalitäten und damit auf ganz unterschiedliche Ansprüche. Während die einen sich perspektivisch bereits auf ihren Ruhestand einstellen, übernehmen die anderen zusehends Schaltstellen in Unternehmen. Und wie immer, wenn in einer Organisation unterschiedliche Geschwindigkeiten, Perspektiven und Richtungsentscheidungen aufeinandertreffen, knirscht und knarzt es an allen Ecken und Enden.

Wir sind damit Live-Beobachter eines Experiments, in dem Arbeitgeber sich auf rapide wandelnde Ansprüche ihrer Mitarbeitenden einstellen (müssen), wenn sie ihre wichtigste Ressource nicht verlieren wollen. Wir leben in einer Zwischenzeit, in der sich das Alte und das Neue überschneiden. Das macht es für Unternehmen und Entscheider so schwierig. Die Fortschrittlicheren unter ihnen haben indes längst erkannt, dass im Mitarbeiteranspruch auf Mitgestaltung nicht nur eine Herausforderung, sondern eine gewaltige Chance für sie steckt.

"It doesn't make sense to hire smart people and tell them what to do; we hire smart people so they can tell us what to do", lautet daher ein bekannt gewordenes Zitat des Apple-Gründers Steve Jobs. Dieses Zitat deutet auf einen fundamentalen Perspektivwechsel hin: Es ist nicht mehr die Karriere im Unternehmen, die Arbeitnehmer absolvieren müssen, wenn sie eines Tages eine Entscheiderposition erreichen und endlich Wirkung erzielen wollen; vielmehr sind es heute Unternehmen, die die Mitarbeitenden brauchen, um sich wirksam verändern zu können. Und Unternehmen müssen heute alles dafür tun, um diese Agenten des Wandels für sich zu interessieren, zu gewinnen und möglichst lange zu halten – und ihnen zuzuhören, ungeachtet der Frage, wo im Unternehmen sie sich befinden – denn die interne soziale Vernetzung macht alle sichtbar und gibt allen eine Stimme.

4. Persönliche Wertekonflikte

Was haben das amerikanische Militär, die US-Sicherheitsbehörden, die Tabakindustrie und die deutsche Automobilindustrie gemeinsam?

Ganz einfach: Diese Unternehmen wurden aus ihrer Mitte heraus zu Veränderungen gezwungen, weil Mitarbeitende ihrer Organisation anhand der wahrgenommenen oder beobachteten Praktiken des Unternehmens in Gewissensnot kamen.

Dabei ähneln sich die Reaktionen von Entscheidungsträgern, die von kritischen Mitarbeitenden mit solchen Beobachtungen unsauberer Praktiken konfrontiert werden. So gibt es eine erkennbare Tendenz, diese Art der Auseinandersetzung zu vermeiden, im schlimmsten Fall die Akteure auf verschiedensten Wegen zum Schweigen zu bringen, um der Problematik eine öffentliche Bühne zu entziehen. Doch in den genannten Fällen durchbrachen Mitarbeitende ungeachtet ihrer augenscheinlichen Abhängigkeit von ihrem Arbeitgeber die unausgesprochene Regel von Befehl und Gehorsam, und sorgten als sogenannte Whistleblower für die Aufdeckung fragwürdiger, bisweilen unethischer Praktiken in Organisationen. Womit sie ihren Unternehmen, das kann man im Rückblick sagen, jeweils einen großen Dienst erwiesen haben:

- Jeffrey Wigand, ranghoher Mitarbeitender des Tabakkonzerns Brown & Williamson, enthüllte einen Skandal um fragwürdige Praktiken bei der Zigarettenproduktion.
- Bradley Manning spielte Wikileaks Tausende geheime Dokumente des Militärs zu und deckte auf, wie skrupellos US-Truppen im Irak agierten.
- Edward Snowden deckte die Überwachungspraktiken der Geheimdienste im Internet auf.
- Daniel „Dan" Ellsberg, ein heute fast 90-jähriger US-amerikanische Ökonom und Friedensaktivist, machte Anfang der

70er-Jahre von sich reden, als er die geheimen „Pentagon-Papiere" veröffentlichte. Dadurch wurde 1971 die jahrelange Täuschung der Öffentlichkeit in den USA über wesentliche Aspekte des Vietnamkriegs aufgedeckt.

- Miroslaw Strecker, ein LKW-Fahrer aus Brandenburg, gab den entscheidenden Hinweis zur Enttarnung des sogenannten Gammelfleischskandals.

In vielen Fällen riskieren sogenannte Whistleblower Leib und Leben, um auf moralische Missstände hinzuweisen. Sie können offenbar nicht wegschauen, und wenn sie sich zum Handeln entschließen, sind sie oft allein. Denn zu groß ist die Gefahr, in der Organisation Mitwisser zu haben, von denen vielfach nicht klar ist, auf welcher Seite sie stehen. So wenden sie sich an vertrauenswürdige Organisationen; im Fall von Jeffrey Wiegand beispielsweise an die FDA, also die zuständige US Behörde *Food and Drug Administration*; oder im Fall von Bradley Mannings, dem Enthüller der US-Militärpraktiken im Irak, an Wikileaks. Wieder andere nutzen die Macht der Medien und gehen an die Presse. So gelangten beispielsweise die Informationen von Edward Snowden ans Licht der Öffentlichkeit. Und alle diese Informationen veränderten ausnahmslos die Organisationen, aus denen sie entwichen waren.

Nicht anders ist es in der Wirtschaft. Wenn Unternehmen unter Restrukturierungsdruck geraten, werden Prioritäten neu geordnet und es fällt vereinzelt die fatale Entscheidung, kurzfristig die wirtschaftlichen Interessen den ethischen Ansprüchen voranzustellen. Verbunden sein damit mag die Hoffnung, dass zu späteren, besseren, günstigeren Zeiten wieder andere Prioritäten gesetzt werden können. Und doch gelingt es bisweilen nicht, wirtschaftliche und ethische Interessen unter einen Hut zu bringen.

Zum Beispiel der Diesel- oder Abgasskandal: Erst im Rückblick erklären und rechtfertigen beteiligte Entscheider die Unausweichlichkeit ihres Handelns damit,

- dass sich beispielsweise gesetzlich vorgeschriebene Grenzwerte auf legalem Weg überhaupt nicht realisieren ließen, man also, wolle man seiner Beschäftigungspflicht als Arbeitgeber nachkommen, gezwungen gewesen wäre, den Mess- und Prüfvorgang entsprechend anzupassen.

- dass der drohende Wettbewerbsdruck dazu zwinge, sich an der Legalitätsgrenze zu bewegen, weil man ansonsten die wirtschaftliche Zukunft – und damit auch Arbeitsplätze – gefährden würde.
- dass die Unternehmenseigentümer, Investoren, Aktionäre einen hohen Druck ausüben würden, um kompromisslos Gewinne zu erzielen.
- dass schließlich die Spielregeln vom Markt gemacht seien, man nur Spielball der Kundeninteressen wäre und man ergo gezwungen sei, kontinuierlich und unerbittlich Kosten zu optimieren – schließlich lege auch der Kunde keinen übersteigerten Wert auf die ökologischen Aspekte des Produktes – auch hier ginge stets die Ökonomie vor.

Wie oben beschrieben finden sich in jeder Organisation zu jedem Zeitpunkt Menschen, die moralisch, ökologisch oder menschlich unsauberen Praktiken kritisch gegenüberstehen und die den Mut aufbringen, diese auf die Agenda zu setzen und anzuprangern. Die aufkommenden sozialen Netzwerke bieten sich förmlich hierfür an. Aber noch eine wichtige Eigenschaft haben diese Menschen in der Regel – neben der Zivilcourage zeichnen sie sich immer auch durch ein klares Zugehörigkeitsgefühl zum jeweiligen Unternehmen aus. Denn die Alternative wäre ja immer, dem Unternehmen, das offenkundig den eigenen Wertekodex bricht, den Rücken zu kehren.

Aber gerade der Glaube an die gesunden Wurzeln des Unternehmens lässt Mitarbeitende den Mut und die notwendige Beharrlichkeit entwickeln. So formieren sich im Jahre 2015 bei der Robert Bosch GmbH in Stuttgart bzw. auch standortübergreifend die „Zukunftsschwärmer" als offene Diskussions-Community im internen sozialen Netzwerk „Bosch Connect", als erste kritische Fragen rund um die gesetzlich vorgegebenen Grenzwerte für Autoabgase in der Presse auftauchen. Die Initiatoren der Gruppe suchen den Austausch mit den Entscheidern und debattieren, zumal ihr Unternehmen als Zulieferer mittelbar von der Thematik betroffen ist, wo ihre gesellschaftliche oder auch ökologische Verantwortung als Ingenieure liegt, gerade im Zusammenspiel mit den wirtschaftlichen Interessen eines Herstellers. Die Fragen kreisen immer wieder darum, ob man – im Sinne der Ökonomie – das wirtschaftlich Notwendige oder – im Sinne der Ökologie – das technisch Mögliche ausreizen müsste, und wie man angesichts dieses Dilemmas den Wert des Gründers nach nachhaltigem Erfolg zu interpretieren habe. Heute zählt die Community rund 1.600 Mitglieder, die über ihren aufgabendefinierten Tellerrand hinaus technische wie ethische Praktiken ihres Arbeitgebers hinterfragen. Sie tauschen sich im Intranet aus, organisieren Diskussionsrunden zu Technologiefragen und fordern Entscheidungsträger zur Stellungnahme.

Kernthema der „Zukunftsschwärmer" ist der klassische Spagat zwischen Ökonomie und Ökologie, zwischen sozialer Verantwortung (Diesel retten! Arbeitsplätze sichern!) und ethischem Anspruch (Volle Kraft auf alternative Antriebe – auch wenn es uns Geld und Gewinn kostet!), in dem vor allem Technologieunternehmen wie Bosch stecken.

Neben diesen großen strategischen Fragen der technologischen Ausrichtung gibt es viele konkrete technologischen Konfliktthemen:

Müssen wir mit unseren Produkten lediglich die zulässigen **gesetzlichen Grenzwerte einhalten**, oder haben wir nicht die **gesellschaftliche Verantwortung**, alles technisch Machbare tun, um die **Belastung für Mensch und Umwelt** so **gering wie möglich** zu halten?

71

Die Zukunftsschwärmer, denen wir in diesem Buch noch begegnen werden, stellen wie manche andere Graswurzelakteure explizit wie implizit – nämlich allein durch ihre Existenz und damit die offenkundige Notwendigkeit, bestimmte Themen zu klären – unbequeme Fragen. Etablierte Organisationen reagieren darauf nicht selten mit Abwehrreflexen. Wie solche Initiativen in der Praxis dennoch bestehen und überleben können, zeigen wir in den folgenden Kapiteln.

Was lässt sich aus all diesen Beispielen lernen? Augenfällig ist, welche enorme Wirkung die Kombination von „offiziell" eingeführten Werkzeugen wie der Enterprise Social Networks mit Mitarbeitenden, die einen hohen konstruktiven Gestaltungswillen an den Tag legen, entfalten können. Dabei kann der nötige Freiraum entweder von Seiten der Entscheidungsträger gewährt oder von den jeweiligen Akteuren beansprucht werden. Die daraus resultierenden, sichtbaren „Erregungswellen" im Unternehmen, wie Prof. Peter Kruse sie nennt, machen so manche Graswurzelbewegung, aber auch das im Ursprung „offizielle" Werkzeug, erst richtig erfolgreich.

Allerdings ist eine einmal entfesselte Dynamik, die durch die Vernetzung von Akteuren auf allen Ebenen entstehen kann, kaum mehr kontrollierbar. Manche Führungskräfte neigen dazu, die digitale Freiheit durch Regeln, Verbote oder abgestellte Kommentarfunktionen einschränken zu wollen – ein Versuch, der ähnlich erfolgversprechend ist wie der Versuch, Zahnpasta wieder in die Tube zu bekommen. Denn netzwerkeaffine Mitarbeitende wissen sich zu helfen – und weichen im Notfall, auch hierfür haben wir ein Beispiel, auf eine externe Plattform aus.

Ein Keimling, der einmal auf fruchtbaren Boden gefallen ist, wird egal auf welchem Weg, immer ans Licht finden. Allerdings braucht er jemanden, der die in ihm schlummernde Kraft erkennt, der ihn päppelt, pflegt und großzieht.

Von diesen „Jemands" wollen wir im folgenden Kapitel erzählen.

3.2 Initialzündungen: Einer fängt an zu tanzen

Das unscharfe Amateur-Video ging um die Welt: Auf einer sommerlichen Liegewiese tummeln sich Badende in leichter Sommerbekleidung, im Hintergrund läuft Musik. Plötzlich springt einer der Sonnenbadenden auf und beginnt sich ganz allein in wildem Rhythmus zur Musik zu bewegen. Was für ein komisches Bild, denkt man als Zuschauer noch, da gesellt sich bereits ein zweiter Tänzer hinzu, offenbar inspiriert vom ersten. Dann kommen ein dritter, ein vierter, es werden immer mehr. Es dauert nicht lang, dann fallen alle Menschen auf der Wiese in diesen wilden Tanz ein, bis nach 3:05 Minuten das ganze Bild mit Tänzern gefüllt ist: Ein zum Schreien komisches, auch etwas befremdliches Höllenspektakel erster Güte, das auf Youtube seither millionenfach geklickt wurde.

Zu diesem Weltruhm gelangt das Video hauptsächlich, als es 2010 der US-amerikanische Start-up-Gründer Derek Sivers in seinem TED-Talk nutzt. So illustriert er seine Ausführungen zur Kunst, eine Bewegung zu initiieren, mit den kuriosen Amateur-Filmaufnahmen der völlig außer Rand und Band geratenen Gruppe zuckender Sonnenanbeter auf der Sommerwiese.

„Der erste Tänzer braucht ordentlich Mut, um sich so zu exponieren", erklärt Sivers. „Der zweite Tänzer aber, also sein erster Follower, verwandelt den einsamen ersten Tänzer in den Anführer einer Bewegung. Im gleichen Moment geht es nicht mehr um den ersten Tänzer, sondern um ‚sie', die beiden Tänzer im Plural. Und wenn sich dann der zweite Follower dazu gesellt, haben wir es bereits mit einer für alle sichtbaren Gruppe rund um ein definiertes Interesse zu tun", beschreibt Sivers die Entstehung einer Bewegung.

Je mehr Menschen sich nun dazu gesellen, und je größer die Gruppe wird, umso weniger riskant erscheint es weiteren Followern, sich anzuschließen, bis schließlich eine kritische Größe überschritten ist; und auf diese Weise evolutionär aus der einsamen, mutigen Initiative eines Einzelnen eine Bewegung der Vielen geworden ist.

So amüsant der anschauliche Film, so aufschlussreich sind doch die Erkenntnisse, die sich aus ihm für den Unternehmenskontext

73

ziehen lassen. Was sind die Zutaten, um wirksam und erfolgreich eine Bewegung in Gang zu setzen – in einem Umfeld, in dem üblicherweise eigentlich alles so detailliert geregelt ist, dass da augenscheinlich gar kein Raum für eine solche existieren kann? Denn eine Bewegung braucht Ressourcen – Zeit und Mut, sprichwörtlich aus der Reihe zu tanzen bei vorhersehbar hoher Wahrscheinlichkeit von Widerstand: Was also charakterisiert einen typischen „First Dancer"?

Der Start der Bewegung

Es gibt eine Reihe von Faktoren die eine Einzelinitiative zu einer Bewegung machen und sie zum kraftvollen Wachstum bringen.

Ein mutiger „Vortänzer", der es wagt, gegen herrschende Konventionen aufzustehen (es können auch mehrere sein)

Dabei geht es weniger um den provokanten Organisationsrebellen, der sich nicht immer, aber doch bisweilen zum bissig-zynischen Sprachrohr enttäuschter oder weniger mutiger Kollegen geriert, um damit Stimmung gegen herrschende Missstände zu machen. Denn diese Form von destruktiver Rebellion, die es durchaus gibt, wird auf Sicht in Unternehmen selten geduldet, schließlich sind die Beharrungskräfte etablierter Systeme, die ja auch stabilisieren, stark: Die Provokation eines offen ausgetragenen Widerstands wird im Regelfall dauerhaft nicht akzeptiert. Rebellen werden von ihnen im konstruktiven Fall integriert, im destruktiven Fall eliminiert, nämlich dann, wenn sie als toxisch und damit als existenzgefährdend eingestuft werden.

Inspirierende Vortänzer sind vielmehr die kreativen, konstruktiven Querdenker mit Überzeugungen und Visionen. Engagierte, die Sinn stiften, und die Verhältnisse in einem Unternehmen verbessern wollen, das sie eigentlich schätzen. Es geht also nicht darum, es im Sinne einer Machtprobe „dem Establishment zu zeigen". Vortänzer in unserem Sinne müssen den Mut und die Eigeninitiative aufbringen, sich mit ihrem positiven Anliegen im Sinne der Organisation bei klarer Überzeugung aus der Deckung zu wagen. Denn in einem eingefahrenen kulturellen System bedarf es tatsächlich einer gehörigen Portion an Zivilcourage, kritisch und nachdrücklich Handlungsbedarf, Verbesserungspotenziale oder gar einen Missstand zu artikulieren. Und ganz besonders dann, wenn dies nicht Produkt und Leistung – und damit Qualität – betrifft, sondern kulturelle Aspekte des Zusammenarbeitens. Denn die Gefahr, dass ein solcher Mut mit Verachtung oder dem Abbruch der Beziehungen belohnt wird, ist nicht von der Hand zu weisen: Die gut geölte „Maschine" Unternehmen verträgt zunächst nicht unbedingt Widerspruch, weil dieser auch immer einen Gestaltungswillen mit sich bringt – und wer im Unternehmen gestaltet, ist durch die herrschenden Hierarchieverhältnisse sehr genau geregelt.

Schließlich: Diese Form des Mutes erfordert demnach nicht nur eine ausgeprägte Sicherheit in Bezug auf die klare Wahrnehmung des Handlungspotenziales, sondern auch ein tiefes Vertrauen in die eigenen Möglichkeiten und Fähigkeiten, sowie in die Organisation, denn niemand begibt sich leichtsinnig auf von vornherein verlorenen Posten.

Erfolgreiche Graswurzelinitiativen
entstehen damit aus der
Position der Stärke,
weniger aus der Position der Verzweiflung und Ohnmacht.

So muss ein Vortänzer davon ausgehen können, dass in seinem Unternehmen eine gewisse Offenheit in Bezug auf Aktivitäten herrscht, die zwar im Sinne des Unternehmens, aber gleichzeitig „ohne Auftrag" begonnen werden. Denn wer fürchten muss, dass ein derartiges Experiment sofort unterbunden oder sanktioniert würde, bleibt vermutlich lieber sitzen. „Mut bedeutet grundsätzlich erst einmal, etwas zu tun, *obwohl* man das Risiko kennt", beschreibt der Podcaster und Transformations-Experte Ingo Stoll das Phänomen. Damit unterscheidet sich Mut fundamental von seinen

Verwandten, der Naivität und des Leichtsinns, die Risiken unterschätzen oder sie sogar komplett ignorieren.

Und noch etwas ist notwendig, um zum Vortänzer zu werden: Es bedarf einer Persönlichkeit, die in der Lage ist, in einer Wiese nicht einfach nur eine Wiese, sondern auch eine Tanzfläche zu sehen. Mit anderen Worten: Vortänzer wird man nicht ohne visionäre Kraft, Kreativität und Fantasie.

Ein Follower, der das Potenzial des Vortänzers und seines Anliegens erkennt (oder ihm aus anderen Gründen vertraut)

Dieser „First Follower" ist der eine Mensch, der das Potenzial einer Verhaltensänderung, einer Idee und Chance versteht, antizipiert und dem Vortänzer so weit vertraut, dass er sich gemeinsam mit ihm in den Wind stellt. Denn nichts anderes ist es, wenn der „First Follower" das Verhalten des Vortänzers imitiert. Er spielt dabei in der Tat die entscheidende Rolle: Ohne seine Bereitschaft, anderen zu demonstrieren, dass man der Initiative des Vortänzers vertrauen kann, käme das Neue nicht in die Welt. Er ermutigt auf diese Weise wiederum andere, ebenfalls aufzustehen und mitzumachen.

Ein zweiter Follower, der die Initiative sichtbar werden lässt

Dieser dritte Akteur ist ganz wesentlich, weil er die inhaltliche Validität der Bewegung weiter bestätigt und damit das Vertrauen weiterer potenzieller Follower stärkt. Wie sagt Derek Siver? „Drei Tänzer sind eine Menschenmenge." Mit dem Dritten wird aus der Einzelaktion eine Gruppe, ihre Sichtbarkeit wächst, und mit der Zahl an Mitstreitern gewinnt das Anliegen auch an Legitimität. Denn was Zulauf erhält und augenscheinlich schnell größer wird, kann nicht ganz falsch sein. Das Wachstum der Gruppe sorgt außerdem dafür, dass aus Sicht weiterer Interessenten das Risiko sinkt, sich der Bewegung anzuschließen. Damit entsteht ein sich selbst verstärkender Effekt: Das Größerwerden der Gruppe bewirkt ihr umso schnelleres Wachstum, bis irgendwann der Punkt kommt, an dem es für die Anderen fast fragwürdig wird, nicht mitzutanzen. Wer will schon in der Ecke stehen bleiben, wenn alle Anderen sich bewegen?

Wie formiert sich eine Bewegung?

Welche Organisationsform gibt sich die Gruppe auf der „Tanz-fläche"? Der „Dancing Guy" betrachtet seine Follower als seinesgleichen, er selbst sieht sich nicht als Vortänzer oder Taktgeber, sondern als Gleicher unter Gleichen. Mit seinem offenbar angstfreien Voranschreiten sorgt er dafür, dass es ihm Andere gleichtun, bis aus den ersten Mutigen eine Bewegung der Vielen geworden ist.

So startet jede Graswurzelinitiative mit einem „First Dancer", der vorweggeht, sich aus seiner Komfortzone herausbewegt und seine Ideale zu verwirklichen sucht. Einer wie Rainer Gimbel, zum Beispiel.

Der Betriebswirt und dreifache Vater hat bis heute nahezu ein Vierteljahrhundert in „seinem" Unternehmen zugebracht. Die Evonik AG ist ein Traditionskonzern, der aus Teilen der Ruhrkohle AG hervorgegangen war und sich seit einigen Jahren in steter Transformation befindet. Wie so viele alteingesessene Unternehmen soll auch der Spezialchemiehersteller digitaler, agiler, kurz: marktgerechter und zeitgemäßer werden. „Ich gehöre hier eigentlich zum Inventar", scherzt Rainer Gimbel. Der ausgebildete Kaufmann begann seine Karriere in den 90er-Jahren zunächst in der Logistikabteilung des Konzerns, wechselte wenig später jedoch in die IT-Abteilung. „Wer in den 90ern nicht bei drei auf dem Baum war, landete unweigerlich in einem SAP-Projekt", lacht er. Gimbels Aufgabe war es, Kollegen mit den Anwendungen der Software vertraut zu machen. Eine seiner wichtigsten Aufgabe besteht in diesem Zusammenhang darin, Wissen über diese Anwendungen zu sammeln und zu vermitteln – das geht am besten über Kontakte zu Erfahrungsträgern.

Gimbel durchforstet das Internet, sucht im Social Web nach Informationen, registriert sich auf sozialen Plattformen wie Twitter und lernt auf diese Weise vieles von Menschen, die er nie persönlich treffen wird, die aber ganz ähnliche Fragen umtreiben wie ihn. Auf diese Weise macht er Bekanntschaft mit den Vorzügen digitaler Vernetzung. Das „Mitmach-Web", wie Gimbel jene Plattformen nennt, die einen wachsenden sozialen Austausch über eigene Interessensgebiete ermöglichen, nimmt auch ihn sofort ein. Wie wäre es, wenn man eine vergleichbare Kommunikationsstruktur auch in seinem Unternehmen etablieren? Was wäre, wenn man das Wissen aller für alle nutzbar machen könnte? Und welche Rolle könnte dabei Software spielen? Das sind die Fragen, die Gimbel 2010 in seinem Vortrag vor der Evonik-Peer-Exchange-Initiative, einem internen Lernformat, streift; zu einem Zeitpunkt, als die Experimente sozialer Vernetzung in Unternehmen noch in den Kinderschuhen stecken, als der silofördernde E-Mail-Dialog noch das ultimative Medium unternehmensinterner Kommunikation ist. Seine Urlaubslektüre ist ein Paper von Andrew McAfee mit dem Titel „Enterprise 2.0 – The Dawn of Emergent Collaboration", welches später zu einem Buch und Bestseller werden sollte. Der Ko-Direktor der MIT Sloan School of Management beschreibt in seinem Standardwerk die Potenziale interner sozialer Netzwerke für bessere Kommunikation, Zusammenarbeit und Innovation. Für Gimbel ist es ein echter Augenöffner. Beseelt und mit einer ganz neuen Vision kehrt er aus der Sommerfrische zurück: „Was, wenn wir die Macht des Netzwerks für uns im Unternehmen nutzen würden?"

Mit Mut und Neugier auf neuen Pfaden unterwegs

Auf diese Weise wird aus Gimbel, der bislang als sogenannte Nachwuchsführungskraft im herrschenden System offenkundig alles richtig gemacht hat und daher für förderwürdig erklärt wurde, ein Mitarbeitender, der mit Mut und Neugier ausgetretene Pfade verlässt, und neue Pfade sucht. Gimbel vertieft sich in die Werkzeuge sozialer Netzwerke, macht sich mit „Enterprise Social Networks" vertraut und gelangt immer mehr zu der Überzeugung, dass eine Vernetzung der Vielen auch sein Unternehmen verändern könnte. Ende 2011 bewirbt er sich intern auf die Stelle „IT Kommunikation und Soziale Netze", die direkt am CIO der Organisation aufgehängt ist. Offenkundig überzeugen seine Leidenschaft und Expertise seine Vorgesetzten: Trotz seiner fehlenden Kommunikationsausbildung wird er für die Aufgabe ausgewählt.

Doch die Anfänge sind ernüchternd: Gimbels Verständnis von Kommunikation, sozialen Netzen und Netzwerken scheint sich doch sehr von dem seiner Auftraggeber zu unterscheiden. „Eigentlich suchten sie einen Pressesprecher. Was ich aber wollte, waren ganz viele Pressesprecher." Das Thema „soziale Vernetzung" bleibt eine Worthülse. Es fehlt an Mitstreitern, die wie Gimbel an vernetzte, offene, transparente Kommunikation glauben und diese Idee mit Leben füllen.

In Anlehnung an Henry Fords berühmt gewordenes Zitat „Wenn ich die Menschen gefragt hätte, was sie wollen, hätten sie gesagt schnellere Pferde", reflektiert Gimbel:

„Hätte ich die Kollegen damals gefragt, ob sie ein **internes soziales Netzwerk** wollen, hätten die meisten vermutlich geantwortet: **Kennen wir nicht, brauchen wir nicht** – was wir brauchen, ist besseres E-Mail!"

Denn wenn man nur Pferde kennt, kann man sich motorisierte Mobilität gar nicht vorstellen, wie auch? Und wenn man nur E-Mail kennt … doch der Intrapreneur lässt sich nicht entmutigen. Aktiv sucht er nach Mitstreitern, die bereit sind, jenseits ihres abgesteckten Aufgabengebietes mitzuwirken beim Aufbau einer Kommunikationsstruktur von Wissens- und Erfahrungsaustausch im internen sozialen Netzwerk. Für ihn alles andere als eine leichte Zeit. Dennoch, seine Hartnäckigkeit gibt ihm recht: Jede Gelegenheit Gimbels, vor internem Publikum zu sprechen, nutzt er unermüdlich als Werbefläche für die Vernetzungsinitiative auf „seiner" Plattform. Hilfreich dabei: Mit langer Betriebszugehörigkeit und als Konzerntalent ist Gimbel in der Organisation vernetzt. Das erhöht die Chancen, von relevanten Stakeholdern gehört zu werden, ungemein. „Das hat mir immer wieder Türen geöffnet", sagt Gimbel rückblickend. Wie oft er seinen Vortrag gehalten hat: „Das kann ich gar nicht mehr überblicken, so oft war das."

Auf der Plattform beobachtet Gimbel genau, wer aktiv in Erscheinung tritt und wirbt dort Mitstreiter gleich online an. Es heißt, Glück ist, wenn Zufall auf gute Vorbereitung trifft. Gimbels Stunde schlägt ein Jahr nachdem er die neue Stelle angetreten hat, als die unternehmensinterne Innovations-Community zu einem „Global Ideation Jam" aufruft. Wo wäre dies besser geeignet als auf einer Vernetzungsplattform, zumal auf einer, die bereits vorhanden ist – nämlich Connections, Evoniks internes soziales Netzwerk. Plötzlich werden dort unter hoher Beteiligung Innovationen erfasst, diskutiert, bewertet. 180 Ideen kommen zusammen, Mitarbeitende tummeln sich auf der Plattform, und sie machen dort genau die praktische Erfahrung, die notwendig ist, um die Plattform auch für andere Anlässe des unternehmerischen Alltags, andere Usecases, zu nutzen und um in ganz kleinen Schritten mit größeren Gruppen der Organisation eine Vernetzungskultur zu entwickeln. Austausch, Meinungen, Ideen und Wissen – und die Menschen dahinter werden so weithin sichtbar und erreichbar.

Jetzt sieht „Vortänzer" Gimbel seine Chance, um die Menschen zum Tanzen zu bringen. Der nächste Coup im Jahre 2013 ist ein Workshop-Format, das Netzwerkinteressierte zu Botschaftern einer neuen, vernetzten Kommunikation ausbilden soll. Geradezu perfekt, „um zu zeigen, was in vernetzter Zusammenarbeit alles möglich ist", berichtet Gimbel stolz. So bringen die zweitägigen Workshops, die in der Folge auch in USA und in China Low Budget, bei hohem persönlichen Einsatz durchgeführt werden, rund Hundert neue Mitstreiter auf der Plattform, die ebenfalls ohne Auftrag, ohne dezidiertes Zeitbudget, aber mit großer Neugier und persönlicher Verbundenheit das Netzwerk gemeinsam mit Gimbel zum Fliegen bringen wollen: Hundert Follower für den „First Dancer", die ihr Unternehmen mit neuen Formen der Kommunikation und Kooperation mitgestalten wollen.

Wie aber könnten diese Formen konkret aussehen? Welcher Mehrwert steckt für die Organisation, welcher für jeden Einzelnen im Netzwerkthema? In dem Workshop wird genau das konkret gemeinsam herausgearbeitet. Einige Teilnehmer kommen ohne explizite Erlaubnis ihrer Führungskraft zum Arbeitstreffen. In den beiden Workshoptagen, die Gimbel im Alleingang moderiert, geht es um Anwendungsfälle für „ihre" Evonik-Netzwerkplattform. En passant lernen die Community-Mitglieder, wie Ideen wirkungsvoll und erfolgreich kommuniziert werden können, um damit auch Innovationen im Sinne des Unternehmens voranzubringen.

In jedem dieser Workshops mit rund 15 neuen Mittänzern entstehen in engagierter Teamarbeit zahlreiche Ideen, tägliche Anwendungsfälle der Zusammenarbeit von der umständlichen 1:1-Kommunikation der E-Mails ins Netzwerk zu migrieren – und damit das Wissen der Vielen zu nutzen. Und so wird aus der Initiative eines Einzelnen eine immer kraftvollere Bewegung im Unternehmen. „Make the project unstoppable" ist zu jener Zeit Gimbels größtes Anliegen: Nämlich dafür zu sorgen, dass die Bewegung nicht mehr umkehrbar ist. Und die wachsende Gruppe strebt nun gemeinsam nach dem „Tipping Point".

Der Weg zum Tipping Point

Malcolm Gladwell, Ex-Wissenschaftsredakteur der „Washington Post" und fester Autor des „New Yorker", hat in seinem Buch „The Tipping Point" untersucht, wie und wann Bewegungen in Gesellschaft und Organisation Erfolg haben. Jede Bewegung, jede Rebellion, so Gladwell, hat einen Siede- oder Wendepunkt. Mit kleinen präzisen Eingriffen kann man die Strukturen einer Firma, den Erfolg einer Marke, die Verbrechensrate in einer Großstadt, das Verhalten der Menschen verändern. Der „Tipping Point" ist jener magische Moment, wenn eine Idee, ein Trend, eine Mode oder ein soziales Verhalten eine Schwelle überschreitet, kippt und sich dann wie ein Flächenbrand ausbreitet. Wie man diesen „Tipping Point" auslöst, ist die Frage, die unsere „First Dancer" interessiert.

Gladwell orientiert seine Argumentation am Prinzip der Epidemie. Ob sie ausbricht oder kippt, entscheidet sich am „Tipping Point". Um den überhaupt zu erreichen, muss laut Gladwell mindestens eine der drei folgenden Regeln greifen: das Gesetz der Wenigen, die „Stickiness" – also das Haftenbleiben der Botschaft – und die Macht der Umstände. Das „Gesetz der Wenigen" verantworten wenige hochkommunikative Persönlichkeiten. Nicht alle Mitglieder einer Gruppe haben den gleichen Einfluss, so Gladwell, sondern einzelne Personen haben überproportionalen Einfluss auf den Erfolg einer Bewegung. Sie sind die „Vermittler" oder „Erlaubnis-Geber", die über ihr Ansehen oder ihre großen Bekanntenkreise „soziale Epidemien" auslösen können. Die richtigen Elemente der Botschaft und die günstige Gelegenheit, die Macht der Umstände, das alles spielte dann letztlich einem Akteur wie Gimbel in die Hände.

Diese Menschen sind unsere „First Dancer", und wir haben in unserer Tätigkeit viele dieser Menschen kennengelernt und in diesem Buch portraitiert. Menschen wie Rainer Gimbel, oder auch die Initiatoren der Siemens „Grains", die wir bereits kurz kennengelernt haben.

Die Suche nach Saatkörnern

Auch den Grains bei Siemens geht es in der Frühphase darum, Follower zu gewinnen, um gemeinsam den Beweis anzutreten, dass es eine Alternative zur traditionellen Organisation gibt. Denn ihre Überzeugung lautet: Wir können bei Siemens besser, schneller, innovativer sein – und zwar mit Kommunikation auf Augenhöhe und selbstorganisierten Entscheidungsstrukturen.

Als das bereits beschriebene Experiment beendet wird, scheinen sich seine Kritiker bestätigt zu fühlen. Entscheiden auf Augenhöhe als Alternative zur traditionellen, auf Positionsmacht basierenden Hierarchie? Eine Utopie, die in einem Konzern wie Siemens augenscheinlich keine Chance hat.

Was dieser Utopie aber in Wirklichkeit fehlt, ist der Mut, sie zu erproben. Bislang hat dies noch kein Großunternehmen gewagt, denn ein solches Experiment zöge auf längere Sicht dramatische Anpassungen vom Kompetenz- bis hin zum Gehaltsgefüge nach sich. Und schon aufgrund der Haftungsverhältnisse halten die Entscheidungsträger in der Regel an ihrer hierarchischen Aufbaustruktur fest. Dazu gehört, dass Positionsmacht und Entscheidungsgewalt unverbrüchlich miteinander verbunden sind: Wer führt, entscheidet.

Aufbruch nach dem Aus

Zu den uns schon bekannten Akteuren Bantzhaff, Demaria und Heckmann gesellen sich ausgewählte Kollegen, die ebenfalls eigenständig und ohne Auftrag darauf abzielen, den Konzern, speziell ihr eigenes Arbeitsfeld abseits der offiziellen Handlungsprämissen zu gestalten. Sie finden sich im Kollegenkreis und im internen sozialen Netzwerk.

Ihnen allen, den bislang stillen Veränderern ohne Auftrag, liefert der gemeinsame Nenner „Grains" eine Heimat, in der sie Ermutigung erfahren und lernen, dass sie mit ihrem Idealismus, ihrem Wunsch und Willen zur Mitgestaltung, mit ihrem Anspruch, jenseits von Dienst nach Vorschrift das eigene Unternehmen auch kulturell und zwischenmenschlich zu prägen, nicht allein sind. Als selbsternanntes „unternehmensübergreifendes Team von Siemens-Mitarbeitenden mit einem gemeinsamen Ziel: den Wandel, den wir uns wünschen, zu leben" entwickeln sie 2016 ein Manifest für ihre gemeinsame Mission:

Die Welt wird ein besserer Ort sein, wenn wir bei Siemens

- Intrinsisch motiviert arbeiten
- Einander vertrauen und uns umeinander kümmern
- Uns ermutigt fühlen, unser gesamtes Potenzial einzubringen
- Auf Grundlage eines gemeinsam verstandenen Sinns („Purpose") zusammenarbeiten

Kernziel ist die Stärkung der Selbstorganisation im Unternehmen. Denn, so lautet ihre Hypothese, diese „ermutigt, führt und stärkt Kollegen, Siemens Schritt für Schritt zu verändern – mit all ihren Talenten und all ihrer Leidenschaft … für ein stärkeres Siemens".

Bekannt wird die Gruppe ebenfalls durch das persönliche Netzwerk der Mitstreiter und durch die Grains-Aktivitäten im unternehmensinternen sozialen Netzwerk („Siemens Social Network SSN"). Neben der offenen Gruppe im Netz, die alle Kollegen informiert, gibt es die Gruppe der Akteure, die sich vergrößert, wenn bestehende Grains-Akteure persönlich bekannte Kollegen ansprechen und diese für die Zielsetzung des Manifests gewinnen können. Entscheidet sich ein Kollege für die Mitwirkung, erhält er einen Mentor aus den Reihen der Grains. Die Runde der bisweilen rund 170 Mitglieder wird zunehmend internationaler; mit freitäglichen Governance

Calls stimmt sie ihre Aktivitäten über Standort- und Funktions-grenzen hinweg ab. Dazu gehören im Wesentlichen Lern- und Informationsformate im Umfeld der jeweiligen Teilnehmer, aber auch die Planung und Organisation des Zusammenkommens mit Selbstorganisations-Akteuren aus anderen Unternehmen. Der „Konzernaustausch Selbstorganisation" (Kaso: https://kaso.community) führt beispielsweise Selbstorganisations-Enthusiasten zahlreicher deutscher Konzerne regelmäßig zusammen, um sich über Möglichkeiten und Wirksamkeit zeitgemäßer Führung, Entscheidung und Zusammenarbeit auszutauschen. Denn gerade für traditionelle Unternehmenskulturen ist der Umstieg auf partizipative Organisationsstrukturen ein komplexes Unterfangen. Dabei nutzen die einen die in den meisten Unternehmen geltende Vertrauensarbeitszeit, um solche Aktivitäten, die nicht unmittelbar mit ihrer Zielvereinbarung in Verbindung stehen, zu verfolgen. Andere nehmen Urlaub oder bauen Überstunden ab, besonders dann, wenn andernfalls ein Konflikt mit der jeweiligen Führungskraft auf dem Spiel steht. Denn nicht alle Führungskräfte stehen dem Alleingang ihrer Mitarbeitenden, sich auf diese sehr moderne Weise in die Gestaltung der Unternehmensstruktur einzubringen, offen gegenüber.

Aus Graswurzel wird Organisation

Die Grains erproben indes in regelmäßig am Freitag stattfindenden Abstimmungsrunden die selbstentwickelte Dramaturgie partizipativer Kommunikationsprozesse. Sie experimentieren dabei im Selbstversuch mit Elementen aus SCRUM (agiler Softwareentwicklung) und Holakratie (einem soziokratischen Organisations-, Rollen- und Entscheidungsformat) – auch, um diese Kompetenz zu erlernen und in der Tiefe zu verstehen. Denn diese Form der Kommunikation und partizipativen Entscheidungsfindung soll durchaus als Blaupause für veränderte Entscheidungsstrukturen in der gesamten Organisation dienen. So versteht es sich von selbst, dass jedes Mitglied schnell die Abstimmungs-Dramaturgie der Freitagscalls sowie die Arbeit der jeweiligen Rollen beherrschen muss, denn diese Rollen rotieren und so übernimmt jeder in der Gruppe zeitweise die Rolle des sogenannten Secretary (der die Absprachen im Kanban-Board mitdokumentiert) oder Facilitator (der den Abstimmungsprozess moderiert). So geht die Struktur partizipativen Entscheidungsverhaltens den Grains-Mitgliedern schnell in Fleisch und Blut über und einzelne

84

von ihnen nehmen die Struktur mit in ihre operativen Funktionen, wo es bisweilen gelingt, Aspekte der Struktur zu verankern.

Parallel dazu starten andere in der Gruppe diese Form der gemeinsamen Entscheidungsfindung in Workshops im direkten Umfeld zu vermitteln, bei welchen interessierte Kollegen, die nicht Teil der Grains sind, erlernen können, partizipativ zu entscheiden: Mithin eine zentrale Metakompetenz komplexer Organisationen, in denen aufgrund von Datenvolumen und Geschwindigkeit eben nicht jede Entscheidung vom Zuständigen, jenem mit der Positionsmacht, getroffen werden kann. Ob im Messgerätewerk oder im Gasturbinenwerk in Berlin, ob bei den Kollegen im Werk Mühlheim oder in verschiedenen Bereichen zentraler Konzerneinheiten: So fasst das zentrale Anliegen der Gruppe punktuell Fuß in verschiedenen operativen Einheiten des Konzerns.

In dem Maße, in dem die Grains-Gemeinschaft größer wird, wächst auch ihre Sichtbarkeit über das interne soziale Netzwerk SSN. Grains-Mitglieder teilen hier die Erkenntnisse ihrer Aktivitäten und laden zur Diskussion ein, wie man gemeinsam Siemens nachhaltig kulturell weiter entwickeln könnte und müsste. Es ist eine offene, wertschätzende Diskussion rund um Zukunftsfragen des Konzerns, seine Werte und neue Formen des Miteinanders. Und allein diese Debatte bewirkt eine Veränderung.

Selbst Kollegen, die keine **Grains** sein wollen oder können, erkennen, dass sie mit ihrer **Sehnsucht** nach einem **anderen kulturellen Miteinander** im Unternehmen nicht alleine stehen.

Und dass in ihnen die Kraft steckt, die Arbeitswelt zu verändern.

85

Von Seesternen und Spinnen

Wie mächtig dieses Kraftpotenzial tatsächlich ist, beschreiben die US-amerikanischen Start-up-Unternehmer Ori Brafman und Rod Beckström in ihrem Buch „Der Seestern und die Spinne". Die Metapher ihres Buchtitels bezieht sich auf ein zoologisches Phänomen: Reißt man einer Spinne den Kopf ab, stirbt sie. Trennt man hingegen einem Seestern ein Bein ab, wächst ihm nicht nur ein neues, sondern dieses neue Bein kann sogar zu einem komplett neuen Seestern heranwachsen. Herkömmliche Organisationen, die auf Hierarchien fußen, sind laut Brafman/Beckström wie Spinnen: Verlieren sie ihren Kopf, sind sie verloren.

Sehr viel überlebensfähiger sind die „kopflosen" Organisationen, denen Brafman und Beckström ihr Buch widmen. Ein Beispiel sind die Peer-To-Peer-Musiktauschbörsen, die das Geschäftsmodell der alteingesessenen Musikkonzerne herausgefordert haben. Ihren Erfolg erklären Brafman/Beckström mit ihren partizipativen, agilen Strukturen:

"It's about what happens when there is no hierarchy. You'd think there would be disorder, even chaos.

But in many arenas, a **lack of traditional leadership** is giving rise to powerful groups that **are turning industry and society upside down.**"

Dank enger Vernetzung in solchen flachen, dezentralisierten Strukturen, so Brafman und Beckström, kann eine neue Idee schneller als je zuvor umgesetzt und verbreitet werden. Aus einer Initialzündung wird in kürzester Zeit eine Bewegung Gleichgesinnter, die gemeinsam eine systemverändernde Kraft entwickeln.

Am Anfang steht nach Beobachtungen der Autoren immer ein sogenannter Katalysator, der eine Seestern-Organisationen entstehen und wachsen lässt. Wir sind einem solchen Katalysator bereits begegnet: Es ist der „First Dancer" aus unserem Video vom Beginn dieses Kapitels. Faszinierend ist dabei unter anderem seine Fähigkeit, Dinge in Bewegung zu setzen und zu verändern, ohne sich selbst zu verändern.

Die beiden Autoren beschreiben dieses Phänomen anhand eines chemischen Versuchs: Mischt man Stickstoff mit Wasser, geschieht gar nichts. Fügt man dieser Mischung hingegen Eisen hinzu, entsteht plötzlich Ammoniak und damit ein wichtiger Grundstoff für Dünger, Plastik oder Reinigungsmittel. Spannend daran ist vor allem, dass das Endprodukt Ammoniak selbst kein Eisen enthält. Während das Resultat der Reaktion ein fundamental anderes ist, bleibt der Katalysator selbst vollkommen unverändert.

Unser „First Dancer" wirkt auf sein Umfeld ähnlich katalytisch: Er sorgt, wie das legendäre Video zeigt, für eine Kettenreaktion. In der Chemie bringt ein Katalysator eine Reaktion in Gang, in Organisationen sorgt der Katalysator für das Anstoßen eines Veränderungsprozesses, ohne sich selbst zu verändern.

Wer hat das Zeug zum „First Dancer"?

Was zeichnet nun solche Katalysatoren aus? Brafman und Beckström schreiben der Katalysator-Persönlichkeit vor allem folgende Eigenschaften zu:

- Aufrichtiges Interesse: Katalysatoren sind meist Menschen, die aktiv zuhören, sich wirklich für Andere interessieren und sofort eine Bindung zu Mitmenschen herstellen können.
- Lose Verbindungen wertschätzen: Als Netzwerker kennen und schätzen Katalysatoren den Wert selbst loser Verbindungen. Auf die Relevanz dieser lockeren Verbindungen wies bereits Mark Granovetter in seinem in den 70er-Jahren erschienenen Aufsatz „ The Strength of Weak Ties" hin. Während die starken Bindungen („strong ties") das emotional nahe Netz bilden,

komme den losen Verbindungen („weak ties") die zentrale Bedeutung bei der Verfolgung eigener Ziele und der persönlichen Weiterentwicklung bei. Die losen oder flüchtigen Verbindungen ermöglichen es, aus dem eigenen Dunstkreis heraus Beziehung zu Netzwerken aufzubauen, die nicht auf Personen mit überwiegend gleichen Eigenschaften beruhen. Soziale Netzwerke ermöglichen heute besser denn je die Nutzung dieses Effekts, um schnell mithilfe eines großen Netzwerks loser Verbindungen Ziele zu erreichen.

- Netzwerke einsetzen: Katalysatoren verstehen sich außerordentlich gut darauf, die richtigen Menschen auch miteinander in Verbindung zu bringen. Sie prüfen ständig, wer auf der inneren Landkarte wo platziert und wer mit wem verknüpft werden kann, um eine Sache voranzubringen.
- Das Bedürfnis zu helfen: Das Verlangen, Andere zu unterstützen, ist eine wesentliche Eigenschaft des Katalysators. Er verbindet Menschen nicht aus Selbstinteresse, sondern baut ein Netzwerk auf Gegenseitigkeit auf, sodass alle profitieren.
- Die Fähigkeit, sich seinem Gegenüber zuzuwenden und dessen Perspektive einzunehmen.
- Die Fähigkeit und das Selbstvertrauen, konstruktiv und angstfrei mit Widersprüchen und ungewohnten Situationen umzugehen.

Und nicht zuletzt: Katalysatoren bringen Leidenschaft und Sendungsbewusstsein mit. Es sind in der Regel Menschen mit einem gewinnenden Wesen, ausgeprägten Kommunikationsfähigkeiten und damit der Fähigkeit, andere zu inspirieren. Solche Menschen finden sich in allen Organisationen – vielleicht nicht auf den ersten Blick, aber mit großer Wahrscheinlichkeit dort, wo der passende **Nährboden** (siehe Kapitel 3.1) vorhanden ist. Sie können „First Dancer" oder Follower sein. Derek Sivers ermutigt mit einem guten Rat:

„Wenn Du wirklich eine **Bewegung starten** willst, sei **mutig zu folgen** und zeige anderen, wie man folgt. Und wenn Du einen komischen Kauz entdeckst, der gerade etwas Großartiges macht, **steh' auf und folge seinem Beispiel.**"

Die Frage, wo und wie Follower zu finden sind, führt uns geradewegs ins nächste Kapitel: Wer tanzt mit?

3.3 Sprösslinge: Vom Sämling zum Pflänzchen

Wer einmal „Das Leben des Brian" und damit einen der Klassiker britischen Filmhumors gesehen hat, hat gleichzeitig etwas über die Geschichte von Graswurzelbewegungen gelernt. In einer Szene wird nämlich die Filmfigur Brian im alten Jerusalem ebenso unverhofft wie fälschlich für den Messias gehalten. Obwohl Brian beteuert, nichts messiashaftes an sich zu haben, folgt ihm eine wachsende Schar an Jüngern zunächst zaghaft, dann derart euphorisch, dass Brian in wilder Panik flüchten muss. Als Brian auf seiner Flucht eine Sandale verliert, beginnt seine Gefolgschaft prompt, über die Bedeutung dieser Begebenheit zu rätseln. „Das muss ein Zeichen sein!", sind sich plötzlich alle einig und kommen zu dem Schluss, dass künftig jeder Jünger als Symbol seiner Zugehörigkeit eine Sandale ausziehen müsse. Gesagt, getan: alle ziehen sich eine Sandale vom Fuß und jagen dem ratlosen Brian einsandalig hinterher.

Für Terry Jones, Mitglied der Komikergruppe Monty Python, die „Das Leben des Brian" erfand, steht die Szene stellvertretend für die „Geschichte der Kirche in drei Minuten".

Wenn wir auf die Anfänge vieler Graswurzelbewegungen schauen – und dazu darf man durchaus auch Religionen mit ihren charismatischen „First Dancers" zählen – schälen sich schon in der frühen Phase Faktoren heraus, die für ihre spätere Durchsetzungs- und Schlagkraft maßgeblich sind. Einer ist der typische Initiator, den wir im Kapitel 3.2 „Einer fängt an zu tanzen" charakterisiert haben: Jener Mutige, der zu tanzen beginnt, der sich augenscheinlich mit einer zunächst persönlichen Mission über ausgesprochene oder nicht ausgesprochene Regeln hinwegsetzt und es wagt, außerhalb der gängigen Systeme und Prozesse nach Lösungen zu suchen. Meist handelt es sich um Nonkonformisten, die vorhandenen Nährboden nutzen, um Unzufriedenheit, Stillstand, Druck oder ähnliche Rahmenumstände sicht- und besprechbar zu machen. Sie tun dies nicht um ihrer selbst willen, sondern durchaus konstruktiv und – wie sich später zeigen wird – auf die eine oder andere Weise für den Erfolg ihrer Organisation.

Was jedoch braucht dieser hoffnungsvolle Beginn, damit sich nach dem „First Follower" mehr und mehr Menschen einer Idee anschließen? Wie kann die Vision, wie Derek Sivers sie nennt, schnell Mitstreiter und Momentum gewinnen?

Was die Follower verbindet

Klar ist: Es braucht nicht unbedingt eine kollektiv abgelegte Sandale, die alle Follower eint. Aber es bedarf ab einem gewissen Zeitpunkt doch der sichtbaren Zusammengehörigkeit zur Gruppe und zum Anliegen. Das kann im einfachsten Fall ein Logo oder ein einprägsamer Slogan sein wie beispielsweise „A movement to accelerate cultural transformation" des Connected Culture Club, einer Bewegung, initiiert von Mitarbeitenden der BMW Group. Oder ein gemeinsamer Hashtag im E-Mail-Footer, wie „#gerneperDu" bei Daimler – oder gar ein gemeinsames Manifest wie im Fall der Grains bei Siemens.

Denn nur auf diese Weise können mehr und mehr potenzielle Mitstreiter von der Idee erfahren und sich entscheiden mitzuwirken. Dabei spielen Symbole, vorrangig aber sogenannte Narrative eine zentrale Rolle: Gut erzählte Geschichten jenseits nüchterner Zahlen, Daten und Fakten, die das Zeug haben, Menschen für sich einzunehmen. Ein solches Narrativ ist eine anschauliche Argumentation, die auf einfache Weise vermittelt, warum es sich für jeden Einzelnen lohnt, sich über seine Alltagsaufgaben hinaus und ohne Auftrag für die Sache zu engagieren.

So, wie die Bibel letztlich eine Sammlung guter Geschichten ist (und entsprechend Anhänger gefunden hat), braucht auch die rationalste **Graswurzelinitiative** ein **Narrativ**, das (potenzielle) **Mitwirkende emotional** berührt und eint.

Unsere Gesprächspartner berufen sich dabei sehr oft auf die Gründungsgeschichte und auf das, was die jeweilige Gründerpersönlichkeit seinem Unternehmen als Handlungsmaxime ins Stammbuch geschrieben hatte. Die Werte des „alten Siemens", des „alten Bosch" oder „der alten BMW" bildeten den Maßstab, anhand dessen sie die aktuelle Unternehmensrealität taxierten – Werte, die nach ihrer Beobachtung bisweilen in Vergessenheit geraten sind und daher unbedingt wiederbelebt gehören. Im besten Fall entsteht auf diese Weise ein gemeinsames Problemverständnis, eine für alle gültige Identität und eine Motivation, loszulegen. Und darüber hinaus bildet dies die Grundlage für eine Legitimation der Initiative, die sich in ihrer Geschichte auf Gründer-Intentionen beruft und damit begründen kann, dass sie zwar womöglich gegenwärtige Regeln verletzt, aber dies lediglich, um wieder zurück zum Kerngedanken des Gründers zu finden.

Bei den Grains, der selbstorganisierten Community der Siemens AG, hat unter anderem der 2015 erschienene Film „Augenhöhe" eine wichtige Grundlage für ein gemeinsames Verständnis von Weg und Ziel als Grundlage für das gemeinsame Narrativ geschaffen. Der mit Crowdfunding von rund 350 Unterstützern ermöglichte Dokumentarfilm geht der Frage nach, ob man die Arbeitswelt so gestalten kann, dass Menschen ihre Potenziale entfalten und ihre Fähigkeiten einbringen können – zu ihrem eigenen Wohl und dem der Unternehmen, für die sie tätig sind. Er zeigt Menschen in Unternehmen, die Entscheidendes anders und vieles besser machen.

Seit seinem Erscheinen nutzen den Film viele Unternehmen und Berater, um die Diskussion in Gang zu setzen, wie die Verbindung von Produktivität, also wirtschaftlichen Interessen einer Organisation, und Humanität – also den Ansprüchen der Mitarbeitenden in Hinblick auf Mitgestaltung, Transparenz und Resonanz oder auch Sinnempfinden – gelingen kann.

Suche nach dem Reason Why

Für die Siemens Grains war die idealistische Wertewelt rund um humaneres Arbeiten, die im Film anhand von fünf Unternehmen gezeigt wurde, ausgesprochen prägend. Gemeinsam traf man sich zum Public Viewing, um im Anschluss zu diskutieren, welche Aspekte der gezeigten Beispiele auch in der eigenen, traditionell geprägten Organisation realistisch umzusetzen seien. Und so stellten die Akteure die von ihnen gegründete Community auch in den Dienst der Sinnfrage, die im Augenblick ja in vielen Unternehmen diskutiert wird: Was ist die höhere Absicht, die jenseits jeder Effektivität und Effizienz alles zusammenhält – und die praktisch jedem einzelnen Handgriff seine Relevanz geben muss, um sich

„sinnvoll" einzuordnen in das gelebte Prozess- und Regelwerk. Dieser „Reason Why" ist auch deshalb essenziell, weil Follower ohne expliziten Auftrag häufig in Ressourcen- oder Wertekonflikte mit ihrer Führungskraft geraten. Oder sie brechen den unausgesprochenen Produktivitätskodex ihrer Teams – und geraten damit in Erklärungsnot. Schließlich stellt sich für einen Mitarbeitenden eines Unternehmens schnell die Frage: Wann habe ich überhaupt neben meinen gegenwärtigen Aufgaben die Zeit, mich in der Sache zu engagieren? Ist das dann Arbeitszeit, oder muss ich dafür – wie es noch in vielen traditionellen Unternehmen heißt – „ausstempeln"? Inwieweit brauche ich die explizit formulierte Erlaubnis seitens eines Entscheiders, meine Produktivkraft in eine Tätigkeit außerhalb meiner definierten Aufgaben zu investieren? Und wie kann ich begründen, warum das wichtig und notwendig ist?

Dabei kann es um ein großes Anliegen gehen, wie neue Kollaborationsformen oder Kulturwandel im Sinne eines ursprünglichen Gründer- und Pioniergeistes, den man wiederbeleben möchte. Oder aber ein augenscheinliches Randthema von unternehmensinterner Kommunikation, das unter dem Gesichtspunkt Augenhöhe inzwischen gerade in international agierenden Unternehmen mehr und mehr in den Fokus rückt: Nämlich die einfache und in unserem Kulturkreis doch so komplexe Frage des *Du* oder *Sie*.

Du oder Sie?

„Klingt das nicht komisch, wenn ich einen Kollegen frage: Wir arbeiten alle agil – sind *Sie* auch dabei?", stellt Oliver Herbert fest, der bei der Daimler AG in der Rolle des „Start-up-Manager International Battery Network – Projekt Lead Powerpack Contract Manufacturing" derzeit für sein Unternehmen am Aufbau eines Batteriewerks in Finnland mitwirkt. Der gelernte Maschinenbauingenieur mit dem sperrigen, so ganz und gar nicht nach Agilität klingenden Jobtitel hat beim Automobilhersteller in Stuttgart aus eigener Motivation nicht nur die Digital Connect Days (DCD) @ Daimler initiiert, deren Inhalt es ist, vierteljährlich einen Tag lang digitale Themen von und für Mitarbeitende ins Zentrum zu stellen. Und er hat nicht nur die #InfluBenzer mit aus der Taufe gehoben, selbsternannte Markenbotschafter aus der Mitte des Unternehmens, die in den sozialen Medien stolz über ihr Unternehmen und seine Produkte berichten. Sondern er hat darüber hinaus einen vermutlich kulturell noch weitreichenderen Coup gelandet: Die „gerneperDu"-Initiative des Unternehmens, die mittlerweile viele Tausend Follower zählt. Mit seinem Anliegen und dem Hashtag #gerneperDu hat er es sogar bis in die E-Mail-Signatur des Gesamtbetriebsrats geschafft.

„Uns war klar, dass wir nicht einfach mal einen Blogartikel schreiben und alle werden per Du sein", schreibt Herbert in einem Blogbeitrag auf LinkedIn im April 2018. Denn, so Herbert: „In Großkonzernen ist oft auch heute noch kulturell das ‚Sie' der Standard." Um aber das „Wir" und das Aufbrechen von Bereichsgrenzen erreichen zu können, fragt sich der gelernte Fertigungsplaner: Warum nicht „Du"? Für den 48-Jährigen umtriebigen Veränderer ist die Unterscheidung von Sie und Du schon durch seine starken Social-Media-Aktivitäten, aber auch durch seine Arbeit im internationalen Kontext längst überholt.

Warum ist das *Du* so wichtig, welchen Unterschied macht das *Du* in einer traditionellen Unternehmenskultur?

„Wir wollen **Silos aufbrechen**, **Entscheidungen beschleunigen**, Führungsverständnis und **Instrumente neu gestalten** und die Digitale Transformation und **Collaboration fördern** und umsetzen", sagt Herbert, und da gehört das kollegiale *Du* einfach dazu, so seine Erfahrung.

94

Und so liefert ihm und anderen Mitstreitern aus verschiedenen Managementebenen und Geschäftsbereichen der Start des neuen Social Intranets genau die Plattform, die als Beschleuniger die *Du*-Diskussion ins Unternehmen tragen könnte. Der Nährboden für die #gerneperDu-Initiative liegt also weder in einem konkreten Schmerz, noch einem ethischem Dilemma. Vielmehr sehen Mitarbeitende eines konservativen, traditionsreichen und streng hierarchisch organisierten Konzerns die Chance, mittels eines neu geschaffenen Freiraums, des internen sozialen Netzwerks *Daimler Social Intranet,* eine Grundlage für vertrauensvollere Zusammenarbeit auf Augenhöhe zu legen.

Im Windschatten voran

Herberts Initiative, die weder mit Auftrag noch mit Budget ausgestattet war, die dank einer wachsenden Schar engagierter Mitstreiter aber zunehmend im sozialen Intranet Verbreitung fand, hat zudem das Glück, im Windschatten eines höchst offiziellen Change-Programms segeln zu können. Mit dem vielfach ausgezeichneten Führungsprogramm „Leadership 2020" wollte die Daimler AG marktgerechtere Führungsprinzipien für ein zunehmend komplexes Geschäftsumfeld im Unternehmen verankern. Mit acht sogenannten Game-Changern sollte die Organisation an entscheidenden Stellen verändert werden: „Feedback-Kultur", „Performance Management", „Führungsrolle und Führungsentwicklung", „Best Fit", „Digitale Transformation", „Schwarm-Organisation", „Entscheidungsfindung" und „Gründerwerkstatt". Diese „Game-Changer" sollten die Führungskultur grundlegend verändern. Jeder Vorstand war Sponsor eines dieser Handlungsfelder und jeder Game-Changer wurde von einem sogenannten Squad – einem kleinen, schlagkräftigen Team – ausgearbeitet und weiterentwickelt.

Die Herausforderung dabei: Schon die weltweite Kommunikation und damit das konzernweite Verständnis der mit den „Game-Changern" verbundenen neuen Führungsprinzipien wie „driven to win", Agilität, Kundenorientierung, Co-Creation, Empowerment, Lernen, Pioniergeist oder gemeinsames Verständnis für Sinn ist eine gigantische Aufgabe für eine Organisation, die gegenwärtig gleichzeitig maximale Kapazität auf Fragestellungen rund um die gesellschaftliche Zukunft ihrer Produkte sowie die Stabilisierung von Vertrieb und Produktion unter den neuen Bedingungen alternativer Antriebskonzepte konzentrieren muss. Möchten die Entscheidungsträger aber über die bloße Kommunikation hinaus ihre Führungskräfte für eine echte Verhaltensänderung gewinnen, dann darf es auf keinen Fall darum gehen, neue Prinzipien zu verordnen oder im klassischen Sinne zu trainieren. Fragt man heute Mitarbeitende des Unternehmens, so zeitigen weder die breit angelegte Kommunikationskampagnen noch die Live-Events rund um den Globus ausreichend Wirkung, um die oben genannten Prinzipien in der Unternehmenskultur verankert zu wissen. Für Oliver Herbert und seine Mitstreiter ist aber die Schwerfälligkeit des globalen Change-Programms eher ein Ansporn. Das offizielle Change-Programm erfüllte für die Mitarbeitenden-Initiative #gerneperDu einen wichtigen Nebenzweck: Die Sensibilisierung für notwendige Veränderungen ist der Wind unter den Flügeln von #gerneperDu. So übersetzen Herbert und seine Mitstreiter die Es-muss-sich-etwas-ändern-Botschaft von Leadership 2020 in ihren ganz konkreten Lösungsansatz: Mehr Augenhöhe, weniger Hierarchie, mehr Vertrauen – #gerneperDu.

Tanker und Schnellboot

Während das offizielle Veränderungsprogramm mit seinen Botschaften, Imperativen und abstrakten Forderungen nur langsam Fahrt aufnimmt, gewinnt die wendige informelle Initiative #gerneperDu schnell an Verbreitung und Wirksamkeit. Dies geschieht unkompliziert über den Hashtag #gerneperDu als Erkennungszeichen, das Mitstreiter überall in der Organisation in ihre E-Mail-Signatur integrieren, und über den Kollegen ihren Weg in die Community im internen sozialen Netzwerk finden. #gerneperDu geht so viral.

So erfreulich das schnelle Wachstum der Initiative ist, für Oliver Herbert ist das richtige Timing essenziell. „Unser Motto lautete: Zeige Dich nicht zu früh", erzählt er über die Anfangszeit der Graswurzelbewegung. Wer Herbert kennt, weiß, dass er schon früh zu den Querdenkern und Musterbrechern gehört hat. Denn es ist einfach seine Persönlichkeit, den Status Quo zu hinterfragen und ihn mit konstruktiven Aktionen herauszufordern. Und so schöpft er aus praktischer Erfahrung, wenn er konstatiert: Wer sich zu früh aus der Deckung wagt, dem wird schnell der Kopf abgeschlagen. Oder, um beim Pflanzenbild zu bleiben: Sieh' zu, dass du erst ausreichend Wurzeln geschlagen hast, bevor du anfängst, in den Himmel zu wachsen.

Und weil das so ist, sorgte Herbert dafür, dass die Initiative erst nach den ersten interessierten Nachfragen aus dem Kreis der Führungskräfte und Entscheider auch auf der Führungsebene sichtbar wurde. „Hierarchie kann ab einem gewissen Punkt sehr hilfreich sein, um die Ideen auf eine breitere Basis zu stellen", stellt Herbert klar. Während am Anfang der bedachtsame Umgang mit Öffentlichkeit ein Schlüssel zum Erfolg ist, wird später der Support durch prominente Management-Vertreter entscheidend für die Schlagkraft der Initiative.

Aber wie macht man aus vier Mitstreitern, die sich im Dienst von #gerneperDu zusammengetan haben und die anfangen zu tanzen, eine wahrnehmbare, wirksame Bewegung in der Organisation? Gibt es ein Patentrezept? „Das Social Intranet hilft viel als Plattform", sagt Herbert, „aber online alleine reicht nicht aus". Eine solide Grundlage, so lernt man von ihm, basiert auf einer großen Schar von Mitstreitern, aber auch auf dem gemeinsamen Verständnis für die gemeinsame Sache. „Klein anfangen, sich nicht zu früh zeigen und langen Atem beweisen." So lässt sich sein Erfolgsrezept zusammenfassen. Viele Aktivitäten finden daher auch offline statt. Herbert und seine Mitstreiter lassen elastische Armbänder mit dem Hashtag #gerneperDu produzieren. „Wir haben gleich 8.000 Stück machen lassen", berichtet Herbert, „jeder Daimler-Mitarbeitender kann sie jetzt im Daimler-Shop bestellen". Die Bänder verteilen die Aktivisten überall. Sie gehen ans Band zu den Kollegen, und wenn sie die Chance haben, einen Vorstand auf einer Veranstaltung zu treffen, sprechen sie ihn ohne Hemmungen an. „Als ein Kollege den Finanzvorstand getroffen hat, hat er ihm gleich das #gerneperDu-Armband angeboten. Er hat es angenommen und sie haben ein Foto gemacht", berichtet Herbert. Und genau diese Situationen, die Bilder dieser Events, bahnen sich dann den Weg durch das Daimler Social Intranet in die Wahrnehmung der Beschäftigen.

Und das Ergebnis? Im Februar 2018 ging mit dem Start des neuen Social Intranet auch die #gerneperDu-Community an den Start. Seitdem sind mehr als 2.500 Follower zusammengekommen, die dem Thema folgen und die das unmissverständliche Erkennungszeichen #gerneperDu in ihrem Social-Media-Profil oder ihrer

E-Mail-Signatur tragen, um zu signalisieren, dass sie gern mit *Du* angesprochen werden können.

Mit der heute vielbeschworenen, unkontrollierten, lauten „Revolution" hat dieses maßvolle, überlegte Vorgehen wenig gemein. Oliver Herbert und seine Mitstreiter wollen denn auch nicht als Rebellen gesehen werden, sondern haben es sich zur Mission gemacht, abstrakte Werte des menschlichen Miteinanders in Unternehmen konkret erlebbar machen. Eigentlich geht es dabei um eine aus der Mitte initiierte Kulturinitiative, die es vermag, dass Menschen im Unternehmen anders, wertschätzender miteinander sprechen, Verständnis und Nähe aufbauen, und damit, ja, sicher auch produktiver sein können. Sie nutzen dafür den Freiraum, den beispielsweise der damalige, unkonventionelle Vorstandsvorsitzende Dieter Zetzsche schuf, nämlich mit neuen digitalen Plattformen (Daimler Social Intranet) und analogen Foren (Leadership 2020), Mitarbeitenden online wie offline Austausch und Begegnung zu ermöglichen und so eine Grundlage zu schaffen, gemeinsame Werte auf allen Ebenen kontinuierlich zu kalibrieren.

Von Texas nach Freising

Im Falle von Texas Instruments und Tobias Leisgang liegt die Sache anders. Leisgang, 41 Jahre, Familienvater und ausgebildeter Ingenieur für Elektrotechnik, der aus der deutschen Niederlassung heraus ein Team von rund 25 Entwicklern in aller Welt leitet, sorgt sich um die Zukunft seines Arbeitgebers. Auf den ersten Blick scheint diese Sorge schwer verständlich, denn TI ist ein erfolgreiches Technologieunternehmen mit über 30.000 Mitarbeitenden und einem Börsenwert von rund 100 Milliarden US-Dollar. Generationen von Schülern ist die Marke durch ihre Taschenrechner vertraut, die vor dem Aufstieg der PCs jeden Schülerschreibtisch in Deutschland zierten.

Das aber ist lange her. Nach Leisgangs Beobachtungen tauchen heute immer mehr Wettbewerber auf, die schneller auf Marktveränderungen reagieren und innovativer sind als sein Arbeitgeber. Sich am Puls der Zeit zu bewegen, ein Maximum an Informationen zu analysieren und schnell in komplexe Entwicklungen umzusetzen: „Dazu gehören eben nicht nur Fachzeitschriften und Messen", so Leisgang.

Bei TI, so erzählt er weiter, wird Innovation großgeschrieben. In kaum einer Ansprache von Führungskräften fehlt der Appell an die Innovationsfähigkeit – aber lokal in den Niederlassungen wird inkrementell innoviert: Bestehende Produkte werden verbessert, sie sparen jetzt mehr Strom oder die Prozessoren sind 20 Prozent schneller. Die Verantwortung für die großen Innovationen aber liegt zentralisiert bei den Kilby Labs in Dallas, Texas. Benannt ist das Innovationslabor des Unternehmens nach Jack Kilby, dem Erfinder des integrierten Schaltkreises und vermutlich berühmtesten Sohn des Unternehmens. Die Ideenschmiede ist einerseits der heilige Gral für jeden Technologie-Pionier im Haus; andererseits führt ihr Monopol auf alles Neue bisweilen zu langatmigen Entscheidungsprozessen. In einer Zeit, in der die „Time to Market" einer Innovation häufig kriegsentscheidend ist, weil sie Pioniermonopole sichert und jene Early Adopters erreicht, die Höchstpreise für Neuheiten zu zahlen bereit sind, gelten Zeitverluste als Todsünde.

Zudem sind es oft gerade Mitarbeitende an Außenstandorten, denen ein Coup wie der legendäre MSP430 gelingt – einem Microcontroller mit bahnbrechend niedrigem Stromverbrauch, der inzwischen in nahezu jedem deutschen Haushalt in etlichen Geräten zu finden ist. Er wurde Anfang der 1990er-Jahre bei der deutschen Niederlassung von Texas Instruments in Freising entwickelt und kam 1993 auf den Markt. Erfunden in Deutschland, aber die Entscheidung über sein Schicksal wurde in Dallas, Texas, getroffen.

Bei Ingenieuren wie Leisgang führt die Innovations-Zentralisierung daher zwangsläufig zu Frustration und Motivationsverlusten. Wenn CEO Rich Templeton erneut an die Innovationsbereitschaft der Belegschaft appelliert, in Freising aber nur bestehendes verbessert wird – das könnte man doch eigentlich besser machen.

Sprachkurs Innovation

Woran jedoch fehlt es? Aus Leisgangs Perspektive mangelt es vor allem an einer gemeinsamen Vorstellung von Innovation: Einem Verständnis, in welche Richtung der gemeinsame Aufbruch gewünscht ist und wie Mitarbeitende ihn konkret mitgestalten können. „Auf die Frage, was denn nun konkret mit Innovation gemeint ist, bekam man von Führungskräften meist diffuse Antworten im Sinne von ‚Innovation muss in allem, was wir tun, enthalten sein.'" Leis-

gang aber wünscht sich konkrete Antworten für seine System-Inge-
nieure. Und er möchte auch wieder „echte" Innovationen mit seinen Kollegen hervorbringen.

So beschließt Leisgang eines Tages, aus der Not eine Tugend zu
machen: Gemeinsam mit einigen Gleichgesinnten aus seiner Abteilung beginnt er, inoffiziell und ohne Auftrag Innovationsforma-
te anzubieten. Sie organisieren einen ersten OpenSpace und laden
zum „Innovation Day". Jeder, der will, kann kommen. Eigentlich,
so sollte man denken, wäre eine solche Initiative doch das Beste,
was sich ein Unternehmen von Mitarbeitenden wünschen kann.

Leisgang beginnt also zu tanzen und gewinnt erste Follower. Er über-
legt, wie sich aus diesen ersten Graswurzelinitiativen eine kräftige
grüne Rasenfläche generieren und Wirksamkeit erzielen ließe. Das
Ziel ihres ersten Innovationstages: Innovation erfahrbar machen,
die Ideen einzelner gemeinsam voranbringen und vielleicht gar ein
gemeinsames Verständnis jener Innovationskultur entwickeln, die
die Unternehmensleitung in ihren Appellen wiederholt adressiert.

„Niemand bei uns wusste, **was Innovation** in seinem konkreten Arbeitskontext **wirklich heißt**. Also haben wir einfach mal einen Raum gebucht und eine Einladung rausgeschickt", erinnert Leisgang.

Eingeladen werden für diese erste Auftaktveranstaltung die rund 100 Kollegen der eigenen Abteilung. Die Einladung ziert ein Zitat von Alexander Flemming, der eher durch einen Zufall im Jahr 1928 die heilende Wirkung des Schimmelpilz Penicillium entdeckte. Genau so stellten sich Leisegang und seine Mitstreiter auch ein mögliches Ergebnis des ersten OpenSpace vor: Eine zufällige Mischung führt vielleicht zu einer großartigen Entdeckung.

Der Tag beginnt ohne Agenda, vordefinierte Programmpunkte, konkrete Ziele und ohne teures Catering. Das ist ebenfalls typisch für geschickte Graswurzelpflanzer: Bevor es zu aufwendigen Antragsprozessen und Nachfragen kommt, die eine solche Initiative bereits im Keim ersticken könnten, versteckt ein Kollege die anfallenden Raumkosten kurzerhand in seinem Budget.

„Ich habe mir gedacht: das probiere ich jetzt einfach aus. Das Schlimmste, was passieren kann, ist: ich sitze alleine da und keiner kommt. Dann weiß ich zumindest, dass ich bei der ganzen Geschichte keine Mitstreiter habe", erzählt Leisgang rückblickend. Doch er bleibt beileibe nicht allein. 20 Kollegen folgen seinem Ruf, alle bringen Ideen mit, die in erste Projekte münden: Sie reichen von neuen Produkt-Ideen und erweiterten Anwendungsgebieten bestehender Produkte bis zu neuen Märkten, die das Unternehmen angehen könnte.

Erfolg verleiht Flügel

Der Erfolg beflügelt die Beteiligten, und mutig wagen sie, das Format Innovation Day auf breitere Füße zu stellen. Die Liste der Eingeladenen wächst jetzt über Bereichsgrenzen hinweg, geheim ist es schon lange nicht mehr. Den Absender, also die einladende Abteilung, erweitern sie symbolisch mit dem Zusatz „& Friends" – das soll signalisieren, dass die Aktion nun auf breiteren Füßen steht und alle willkommen sind. Furcht, so Leisgang, habe er dennoch nie gespürt. „Ich hätte vielleicht gefeuert werden können, aber wegen so einer Sache? Die Wahrscheinlichkeit hielt ich für gering. Im schlimmsten Fall sagt vielleicht der Chef: ‚Du hast 20 Kollegen von der Arbeit abgehalten, lass es sein.' Dann hätte ich es eben sein gelassen, es aber zumindest versucht."

Fragen wie diese bewegen fast jeden der uns bekannten „First Dancer". Die Sorge, einen Konflikt heraufzubeschwören, der Ent-

101

scheider und Graswurzel-Akteure entzweit, schwingt immer mit. Schließlich sind nicht alle Entscheider erfreut über Eigeninitiative, Widerspruch und damit Macht- und Kontrollverlust – noch dazu, wenn der Widerspruch von Untergebenen und nicht etwa von Seinesgleichen auf Führungsebene kommt.

Wer **parallel** zu den oder gar **gegen** die **herrschenden Strukturen** agiert, lebt potenziell **gefährlich**.

Gleichzeitig gilt: hochqualifizierte Ingenieure wie Tobias Leisgang würden selbst im schlimmsten Fall – einer Kündigung – schnell eine neue Stelle finden. In diesem Fall bei Texas Instruments betont Leisgang im Gespräch allerdings, dass er für seine Aktivitäten, auch wenn sie ohne Auftrag ins Leben gerufen wurden, keine Steine seiner Vorgesetzten, die in den USA ihren Dienstsitz haben, in den Weg gelegt bekommen hat, und er die Freiheit hatte, seine Innovations-Kampagne anzustoßen. Auch dies ist ein Glücksfall, der den Erfolg seiner Bemühungen ein wenig mehr sichern konnte.

Diese Sicherheit kann Mut machen. In diesem Fall den erforderlichen Mut, die Innovationsinitiative jetzt auch etwas größer zu denken: Die Innovation Days, die einmal pro Quartal stattfinden, werden nun einem großen Verteiler in der Organisation bekannt gemacht. Sie signalisiert in alle Richtungen, dass sich hier nicht nur ein paar verlorene Seelen, sondern eine wachsende Schar von engagierten Mitstreitern für dieses Innovationsformat stark machen. Wir erinnern uns an Kapitel 3.2 und eine der Lehren aus dem kurzen Video „How to start a movement", bei dem erkennbar wird, wie entscheidend die Sichtbarkeit des Wachstums einer solchen Bewegung ist – nämlich um weiteres Wachstum zu erzeugen. In diesem Sinne bedeutet „& Friends" weithin: Wir sind nicht alleine, und wenn Ihr mitmacht, dann kann es nicht falsch sein.

Die Botschaft zieht Kreise

Schritt für Schritt zieht das Format so immer weitere Kreise. Um seine Botschaft möglichst viel Kollegen bekannt zu machen, wendet er sich an die Unternehmenskommunikation – und dort ist man schnell begeistert. Im „InfoLink", dem Intranet der Texas Instruments, erscheint ein Artikel über den Innovations-Tag. Der Verteiler wächst zusehends, die Einladung zu den „Innovation Days" erreicht mittlerweile standortweit 1.500 Mitarbeitende. Jedes Mal erscheinen mehr interessierte Kollegen: zuerst 40, dann 50, dann 60, mittlerweile 120: Die Teilnehmerzahl wächst, obwohl es weder einen offiziellen Auftrag noch die Möglichkeit gibt, die Projektzeit als Arbeitszeit zu erfassen können. Mit anderen Worten: Die Teilnehmer arbeiten eigeninitiativ, auf eigene Kosten und in ihrer Freizeit an der Zukunft des Unternehmens.

Auch andere Bereiche bieten nun ihre Unterstützung an. Neben der Unternehmenskommunikation gesellt sich noch ein Vertreter der IT dazu und man beschließt die Gründung eines Innovation Club. „Der Innovation Club sollte eigentlich den Netzwerk-Gedanken weiter unterstützen, wir haben das als eine Art Sportverein für Innovation gesehen", erklärt Leisgang. Die Initiativen sollen nun durch den „Club" gesteuert werden, regelmäßig trifft man sich zu Abstimmungsrunden. Man plant den nächsten Innovation Day oder spricht über den nächsten externen Gast bei dem vom Club neu ins Leben gerufenen „Innovation Sparks". Dieses Format soll innovative Gedanken von außen ins Unternehmen holen. Externe Speaker, Experten auf einem spannenden Gebiet, sind für eine Session in der Mittagspause zu Gast, stellen ihr Thema vor, diskutieren mit den Gästen. Für leibliches Wohl ist gesorgt – ein freiwilliges Lernformat entsteht. Leisgang ist besonders ein Gespräch mit den Erfindern von *Babo Blue* im Gedächtnis geblieben – ehemaligen Weihenstephaner Studenten, die ein blau gefärbtes Bier-Mischgetränk auf den Markt gebracht hatten. Was Leisgang beeindruckte: „Dass sie auch auf einem scheinbar gesättigten Markt erfolgreich einen neuen Trend setzen konnten."

Heute sind „Innovation Days" und „Innovation Sparks" fester Bestandteil des Alltags bei TI. Aber noch immer hat die Initiative keinen offiziellen Status, ihr harter Kern organisiert die Veranstaltungen in Eigenregie, einige steuern etwas aus ihren Budgets bei, die

Kommunikationsabteilung unterstützt mit Artikeln im InfoLink. Wir fragen uns: Und was sagt die Unternehmensleitung? „Unser Deutschland-Chef hat sehr positiv reagiert", berichtet Leisgang. Als die Graswurzel-Innovatoren mit der Stadt Freising einen gemeinsamen Hackathon planen, war dies auch eine Chance für den Deutschland-Chef, für gute Beziehungen mit der Stadt zu sorgen – immerhin sitzt man ja sonst wegen Energie, Ver- und Entsorgung eh zusammen, und dies war nun ein positiver Anlass.

Auf der grünen Wiese der deutschen TI-Innovatoren wird also kräftig getanzt. Für die Unternehmensleitung sind die Innovation Days eine positive Initiative aus der Mitte ebenso wie bei der Daimler AG die #gerneperDu-Initiative ist.

Erfolgsfaktor Geduld

Auf die Frage, was in dieser ersten Wachstumsphase erfolgsentscheidend ist, nennen sowohl Tobias Leisgang wie auch Oliver Herbert denselben Faktor: Geduld. Ihre Empfehlung: Lieber länger unter dem Radar fliegen und undercover für Unterstützung werben, als zu schnell den Kopf aus der Deckung zu heben. Erst wenn eine Graswurzelinitiative weder totgeschwiegen noch anderweitig gestoppt werden kann, sollten Akteure die breite Unternehmensöffentlichkeit suchen, so ihr Ratschlag.

Aber ist das nicht im Widerspruch? Wie soll man eine kritische Masse von Followern gewinnen, während man unterhalb der Wahrnehmungsschwelle unterwegs ist?

Aus Sicht der Graswurzel-Akteure ist dieser Widerspruch allgegenwärtig: Sie verbreiten ihre Botschaft auf Kanälen wie dem internen sozialen Netzwerk, in direkten Gesprächen und in Workshops – oder sie verteilen, wie bei #gerneperDu, bunte Armbänder mit ihrem Claim. Aber sie meiden anfangs die offiziellen Kanäle. Alle Aktivitäten zielen darauf ab, unter der „offiziellen" Verlautbarungsebene eine eigene Kommunikationsstrategie zu entwickeln, die zur Gewinnung der kritischen Masse vor allem diejenigen erreicht, die ganz offensichtlich das Ziel der Initiative unterstützen würden. Die Kommunikation geht an dieser Stelle noch nicht in einen offenen Konflikt mit Kollegen – oft etablierten Führungskräften – die kein Interesse am Gelingen der Initiative haben.

Nun, die Sichtbarkeit in einem überschaubaren, unmittelbaren Umfeld gibt schon wichtige Hinweise, ob man mit seinem Anliegen alleine dasteht oder, ob die Thematik auch andere berührt. Sie ist sehr wertvoll, um die Wahrnehmungen und Perspektiven in der Organisation zu kalibrieren: Wird unsere Sichtweise geteilt? Haben wir das gleiche Anliegen? Rühren wir mit unserer Initiative an einen Nerv?

Diese Prüfung ist auch deshalb wichtig, weil Graswurzelinitiativen in der Regel für einen Bruch mit den gängigen Konventionen stehen – andernfalls wären es von der Unternehmensleitung verordnete Prozesse. Für einen Regelbruch jedoch bedarf es einigen Mutes. Akteure wägen in dieser Situation sehr genau die Risiken, die die wachsende Sichtbarkeit mit sich bringt, mit dem Nutzen ab, den sie für das Unternehmen sehen. Denn sie ermutigt Kollegen eben auch, sich kritisch umzusehen, sich Fragestellungen jenseits ihrer offiziellen Aufgabenbeschreibung anzunehmen, um auf diese Weise Kultur in ihrem Unternehmen maßgeblich mitzugestalten. Wenn man so weit gekommen ist, dass die Musik lauter, die Tanzfläche immer voller und die Party ekstatischer wird: Was dann? Wie sorgt man dafür, dass aus der respektablen Initiative eine Massenbewegung wird?

Jetzt kommt es darauf an, sich die Unterstützung eines einflussreichen Entscheidungsträgers zu sichern, der die Initiative schützt und als Mentor ansprechbar ist. Vor allem aber geht es darum, sie zu skalieren und fest in der Organisation zu verankern.

3.4 Wirksamkeit: Die Bewegung gewinnt an Fahrt

3,5 Prozent. Eine im Gesamtzusammenhang verschwindend kleine Zahl. Oder, andersherum gesprochen: Eine winzige Minderheit, der eine überwältigende Mehrheit von 96,5 Prozent von Passiven oder gar Gegnern gegenüberstehen. Was kann mit einer solch minimalen Zahl schon erreichen?

Die Antwort: Eine ganze Menge, wenn man der soziologischen Forschung Glauben schenken mag. Denn dann sind 3,5 Prozent Engagierter bereits die Quote, die erforderlich ist, um ein Anliegen zum Erfolg zu bringen. Im Klartext bedeutet das, in einer hundertköpfigen Gruppe kann eine Gruppe von gerade einmal vier Entschlossenen für einen Umbruch sorgen: 3,5 Prozent als kritische Masse, der es gelingen kann, sich wirksam Gehör zu verschaffen, eine Bresche zu schlagen, ein System zum Kippen zu bringen, die (Arbeits-) Welt zu verändern.

Für Initiatoren einer Graswurzelbewegung (und solche, die es werden wollen) ist das eine elektrisierende Nachricht. Denn es bedeutet auch, dass keine Massenbewegung erforderlich ist, um Großorganisationen zu verändern, sondern lediglich die Mobilisierung vergleichsweise Weniger, aber der „Richtigen".

Nehmen wir beispielsweise einen Großkonzern mit etwa 385.000 Mitarbeitenden: Wenn sich aus seiner Mitte rund 13.000 Aktivisten ohne Auftrag für eine Sache engagieren, entwickelt diese offenbar die erforderliche Kraft und Wirksamkeit, um diese Organisation nachhaltig zu beeinflussen, ja zu verändern. 13.000? Bei Lichte betrachtet ist das eine überschaubare Anzahl von Mitarbeitenden. Zum Beispiel Siemens: Tatsächlich gibt es im unternehmensinternen sozialen Netzwerk des Unternehmens längst einige multinationale, offene Diskussionsgruppen beziehungsweise Communities rund um einen jeweils gemeinsamen Nenner, die bis zu 22.000 Mitglieder zählen. Sie diskutieren bereits heute ganz ohne Auftrag alle erdenklichen strategischen und unternehmerischen Fragestellungen des Konzerns und werden damit zunehmend zu einem entscheidenden Einflussfaktor, den Entscheider hören müssen, und den sie offenkundig zunehmend auch ins Kalkül ihrer Entscheidungen ziehen. Oder wie Siemens-CEO Joe Kaeser es kürzlich in einem ZEIT-Interview formulierte: „Wir suchen nach Wegen, wie wir mit den neuen Trends unserer Zeit künftig umgehen: die Gesellschaft als Stakeholder. Darauf kommt es doch an." Im internen sozialen Netzwerk vermischen sich gesellschaftliche und Mitarbeitenden-Perspektive – und daraus erwächst praktisch ein doppelter Imperativ für Entscheider, solche Impulse ins Kalkül zu ziehen, wenn es um unternehmerische Fragestellungen mit Tragweite geht.

Tatsächlich deckt sich die Beobachtung der „wenigen Wirksamen" mit den Beobachtungen, die wir bei vielen Graswurzelinitiativen in Unternehmen gesammelt haben: Wie in den Beispielen beschrieben, gelingt es überraschend häufig einer Gruppe ganz Weniger, ihre Themen auf die Agenda der Organisation zu bringen. Und auch Rachel Happe, Expertin für soziale Netzwerke in Organisationen und Initiatorin der Community-Management-Plattform „The Community Roundtable", empfiehlt Change Managern in Organisationen: „Identifizieren Sie die engagiertesten 3,5 % in der Organisation – und starten sie mit diesen."

Die Erkenntnis der magischen 3,5 Prozent indes stammt von der amerikanischen Politikwissenschaftlerin Erica Chenoweth, die für das Magazin „Foreign Policy" zu den „100 Top-Denkerinnen der Welt" gezählt wird – insbesondere da sie bewiesen habe, „dass Ghandi recht hatte". Ihre Arbeit widmet die Professorin an der Harvard Kennedy School und am Radcliffe Institute for Advanced Study der Erforschung gewaltfreier ziviler Widerstandsbewegungen. So analysierten Chenoweth und ihr Team mehr als 200 gewaltsame und 100 friedliche gesellschaftliche Bewegungen und Kampagnen.

„There weren't any campaigns that had failed after they had achieved 3.5 % participation during a peak event", stellt Erica Chenoweth fest. Die 3,5 Prozent kämen demnach als Erfolgsgarant aller untersuchten Bewegungen und Kampagnen heraus.

Weitere Erkenntnisse waren im Übrigen, dass

- es gewaltsamen Bewegungen deutlich schwerer fällt, Mitstreiter zu gewinnen, als friedlichen Kampagnen. Schon damit sinkt naturgemäß auch ihre Aussicht auf Erfolg.
- friedliche Initiativen eine mehr als doppelt so hohe Erfolgswahrscheinlichkeit haben wie gewaltsame Bewegungen. In Zahlen: Lediglich 26 Prozent der untersuchten gewaltsamen Kampagnen waren erfolgreich, während 53 Prozent der friedlichen Initiativen ihr Ziel erreichten.

Auf Chenowets Forschungsarbeit sind wir aufmerksam geworden, weil der Begriff Graswurzelbewegung erst kürzlich seinen Weg in die Unternehmensgestaltung und Entwicklung gefunden hat. Zu selbstorganisierten Bewegungen aus der Mitte geschlossener Organisationen gibt es nach unserer Kenntnis erst wenige wissenschaftliche Untersuchungen. Umso interessanter waren die Erkenntnisse der Harvard-Forscherin für uns.

Dass Graswurzelbewegungen, die von mehr als 3,5 Prozent der Betroffenen aktiv unterstützt wurden, nachweislich erfolgreich waren, schließt natürlich nicht aus, dass auch Bewegungen mit einem geringeren Anteil von Unterstützern ihr Ziel erreichen können. Sie erzeugen vielfach deswegen das notwendige Momentum, weil sie die „Richtigen" mobilisieren. Auf diese Beobachtung baut der bereits in Kapitel 3.2 erwähnte Soziologe Malcolm Gladwell in seinem Buch „The Tipping Point" auf. Er analysierte die Frage, wann kleine Ereignisse große Auswirkungen haben können, und definiert auf Basis seiner dahin gehenden Beobachtungen das „Law of the Few", also das Gesetz der Wenigen.

„The **success** of any kind of **social epidemic** is heavily dependent on the **involvement of people** with a particular and rare set of **social gifts**"

– der Erfolg einer Bewegung hängt eng mit den spezifischen und sozialen Fähigkeiten ihrer Initiatoren zusammen, stellt Gladwell fest. Und er beschreibt auch gleich, welcher Typ Mensch das ist, der sich in erfolgreichen Bewegungen als entscheidend herausgebildet hat: Er bezeichnet sie als „Connectors", als verbindende Elemente, die er mit Hubs in Computer-Netzwerken vergleicht. Sie vermögen es, die Peripherie mit den anderen Elementen des Netzwerks zu verbinden, denn sie sind als „menschliche Knotenpunkte" ihrerseits weit über soziale, kulturelle, ökonomische Grenzen hinweg vernetzt und beherrschen es gleichzeitig, Menschen miteinander in Verbindung zu bringen. Den sozialen Erfolg dieser Menschen in Graswurzelbewegungen führte Gladwell auf folgende Kompetenz der Akteure zurück: „their ability to span many different worlds is a function of something intrinsic to their personality, some combination of curiosity, self-confidence, sociability, and energy" – also Neugier, Selbstvertrauen, Geselligkeit und Energie als wichtigste Persönlichkeitsmerkmale.

Und überall dort, wo wir diese Connectoren, diese „First Dancer" aus dem Kapitel 3.2, getroffen haben, haben wir diese Energie gespürt, die hervorgeht aus der großen persönlichen Vernetzung, verbunden mit Ideen und Visionen, wie die Dinge in ihrer Organisation besser laufen könnten.

Brauchbare Illegalität

Organisationssoziologen wie Niklas Luhmann, Stefan Kühl oder Judith Muster beschreiben verschiedentlich Aspekte von Graswurzelbewegungen, wenngleich sie von ihnen nicht als solche bezeichnet werden. Luhmann beispielsweise prägte für unautorisierte, vielfach verdeckte Aktivitäten, die von Einzelnen oder Gruppen im Unternehmen initiiert werden, um dem Unternehmenszweck gerecht zu werden, den Begriff der „brauchbaren Illegalität". Solche Gruppen oder „Cliquen", wie Luhmann sie nennt, bekennen sich zwar einerseits mit ihrer „Mitgliedschaft" zu einem Unternehmen und damit explizit oder implizit auch zu dessen Werte- und Verhaltenskodex. Wenn aber die tägliche Praxis offenbart, dass dieser Kodex ein rationales Handeln im Sinne der Organisation verhindert, suchen sich die Mitglieder der Organisation (Um-)Wege, um ihren Job machen zu können. Der Name „brauchbare Illegalität" ist dabei durchaus Programm: typischerweise gibt es nur wenige Eingeweihte, die Aktivitäten finden verdeckt statt und gehen per se nicht programmatisch in den Regelbetrieb über. Und gleichwohl sind es letztlich solcherlei Guerillataktiken, die für einen reibungslosen Ablauf des Regelbetriebes sorgen.

Auch unsere Graswurzelbewegung nehmen ihren Ausgang häufig in vergleichbar verdeckten Guerillaaktivitäten. Im Unterschied zur „brauchbaren Illegalität" verfolgen sie aber das Ziel, den Regelbetrieb früher oder später offiziell und sichtbar zu optimieren. Die Graswurzel strebt ans Tageslicht, um die Organisation zu durchdringen und zu verändern.

Und auch wenn die Grundlagen für Begriffsbestimmung und Analysen der Graswurzelbewegung eher im politischen und gesellschaftlichen Umfeld liegen, stellen wir fest: Die Parallelen zwischen gesellschaftlichen und organisationsinternen Graswurzelbewegungen sind offensichtlich.

Wie gewinnt eine Graswurzelinitiative an Wirksamkeit?

Wiederholt fragten wir in unseren Gesprächen mit Vertretern von informellen Bewegungen in Organisationen, was sie vom fruchtbaren Nährboden über den Aufbau der ersten Strukturen zu einer Bewegung brachte? Oder in den Worten von Rainer Gimbel, dem „First Dancer" der von uns beschriebenen Graswurzelinitiative bei der Evonik AG:

„Wie gestaltest du ein **Anliegen** so, dass es **unaufhaltsam** ist?"

So eint die von uns befragten Akteure die taktische Herausforderung, während der Aufbauphase einerseits zunächst unter dem Radar des Managements zu fliegen, und dabei andererseits gleichzeitig eine kritische Masse an Mistreitern zu versammeln, die sich das Thema der Initiative zu eigen machen und es möglichst aktiv unterstützen.

Unter der wachsenden Schar der Mitstreiter ist zudem ein kontinuierlicher Kalibrierungsprozess notwendig, der für ein gemeinsames Verständnis sorgt, und dies nicht nur in Bezug auf das Anliegen, sondern ebenso relevant, in Bezug auf das Vorgehen. Viele Diskussionen drehen sich in dieser Phase daher um taktische Fragen, so um die Einschätzung des Einflusses, den man als Initiative realistisch erzielen kann. Und gleichfalls werden logistische Fragen thematisiert: Wann, wo, wie treffen wir uns? Wie werden wir bekannt? Wie priorisieren wir uns? Wie machen wir auf unser Anliegen aufmerksam? Wie gehen wir mit Sanktionierung um? Wie gewinnen wir Mitstreiter an anderen Standorten, auch wenn kein internes virtuelles Netzwerk die Möglichkeit zur offenen Diskussion bietet?

In vielen der Initiativen, die wir bei unseren Recherchen kennenlernten, entwickelt diese Phase eine große Euphorie, gemeinsam etwas bewegen zu können: Denn es ist die Ermutigung aus der Gruppe, das Erkennen gemeinsamer Wahrnehmung, die einige unserer Gesprächspartner als eine echte Befreiung beschreiben, so eine Akteurin aus einem Münchner Konzern: „Plötzlich merkst du, dass du mit deinen Beobachtungen nicht allein bist, dass also etwas dran sein muss an deinem Gefühl, etwas ändern zu wollen." Durch die kritische Masse von Unterstützern wird offenbar zunehmend klarer, dass das durch die Graswurzelinitiative adressierte Anliegen nicht die Wahrnehmung einiger weniger ist, sondern offenkundig im sprichwörtlichen Sinne „auf fruchtbaren Boden" fällt und damit seine Berechtigung hat – ein wichtiges Element und eine wichtige Erkenntnis in Bezug auf das Wagnis, aus der Deckung zu kommen.

Wenn dies so weit ist, ändern sich mit diesem im Regelfall sehr bewussten gewählten Schritt zwei Dinge ganz entscheidend:

Erstens: Sichtbarkeit
Während bis dato die Botschaft der Graswurzelinitiative eher auf informellen, viralen Wegen verbreitet wurde, werden in dieser Phase die Kommunikations-Maßnahmen professioneller und auch auf den etablierten Kanälen präsenter. Es setzt die Suche nach Sponsoren ein, die die Sichtbarkeit weiter erhöhen, beziehungsweise zu einer wie auch immer gearteten Akzeptanz der Aktivitäten beitragen sollen. In nicht wenigen Fällen wird die Graswurzelbewegung auch über die Unternehmensgrenzen hinaus sichtbar, zum Beispiel dadurch, dass die Akteure den Schulterschluss mit Partnerinitiativen aus anderen Unternehmen suchen sowie Erfahrungen und Erfolgsrezepte austauschen.

Zweitens: Verankerung
In dieser Phase des Lebenszyklus' einer Graswurzelinitiative formalisiert sich Zusammenarbeit ihrer Mitglieder. Regeln der Zusammenarbeit werden definiert, Entscheidungsverfahren festgelegt und Aufgabenteilung verteilt. Wurde am Anfang noch „alles von Allen" gemacht, schafft man jetzt zusehends Strukturen, die die Handlungsfähigkeit der Initiative sichern sollen, während sie immer mehr Teilnehmer gewinnt. Eine Organisation in der Organisation nimmt so ihren Anfang – bei vielfach gleichzeitigem Bemühen, mit der Regelorganisation so wenig wie möglich gemein zu haben.

111

Graswurzelinitiativen brauchen Nahrung: Zeit und Geld

Wie bei allen Graswurzelinitiativen stellt sich spätestens in dieser Phase die berechtigte Frage: Woher stammen die Ressourcen für die Aktivitäten, wenn es dafür keinen Auftrag und in logischer Folge auch kein Budget, keinen Zeit- und Projektplan, keine offizielle Steuerung durch die vom Konzern bestellten Führungskräfte gibt? Nun, gerade Wissensarbeiter in Konzernen arbeiten heute bereits oft zeit- und ortsunabhängig und disponieren im Wesentlichen ihre Zeit selbst. In einem Unternehmen wie der Siemens AG gibt es in einigen Abteilungen nur noch etwa 80 Prozent physischer Arbeitsplätze, weil man davon ausgeht, dass Mitarbeitende zunehmend das Homeoffice nutzen oder unterwegs arbeiten. Schon daraus ergibt sich, dass sich viele Aktivitäten von Mitarbeitenden der expliziten zeitlichen, aber auch inhaltlichen Kontrolle, durch eine Führungskraft entziehen werden – und dies nach den Erfahrungen aus der Corona-Krise umso mehr, die ja eine besonders dramatische Umwälzung bewirkt hat: Die Erkenntnis sowohl bei Mitarbeitern und Führungskräften, dass Zusammenarbeit auf Distanz nicht nur möglich, sondern in Zukunft vielleicht sogar das „nächste Normal" ist.

Wenn der **Anspruch** heute ist, über definierte individuelle **Ziele** zu steuern, ist die logische Folge, dass eine etwaig vertraglich definierte Arbeitszeit zwar womöglich versicherungs- und tariftechnische **Relevanz** hat, zunehmend jedoch nur noch einen **Orientierungsrahmen** liefert.

Zumindest gilt das für die Wissensarbeiter in den Büros, während freilich die gewerblichen Kollegen in den Werkstätten aufgrund vielfacher Schichtregelungen nach wie vor auf feste Zeiten abonniert sind. Im Umfeld von Vertrauensarbeitszeit, Vertrauensort und Leistungssteuerung über individuelle Zielvereinbarungen verfügen demzufolge zumindest Wissensarbeiter über Freiräume für nicht mit der unmittelbaren Aufgabe zusammenhängenden Aktivitäten. Andernfalls werden Überstunden abgebaut, bisweilen auch Urlaub genommen – denn selbst wenn das Anliegen der Graswurzelinitiative ja vielfach ein Problem der Organisation lösen möchte, so ziehen es ihre Akteure nicht selten vor, in Bezug auf die eingesetzte Zeit so zu agieren, dass sie hier keine Konflikte provozieren.

Ist das Thema Zeit über zeitgemäße Formen von Vertrauensarbeitszeit und anderer Freiräume geklärt, bleibt noch jenes der wirtschaftlichen Ressourcen: Über welche finanziellen Mittel können die Akteure verfügen? Jedes Meeting, jede Veranstaltung verursacht interne Kosten; sei es Raummiete, sei es minimales Catering. In Ausnahmen gibt es Mitstreiter, die über Budgets verfügen und diese auch für Aktivitäten ihrer Graswurzelinitiative zur Verfügung stellen. Vereinzelt werden auch überschaubare Mittel eingeworben; man sucht und findet Förderer bei einzelnen Führungskräften oder in der HR, die sich temporär einbringen oder dann sogar dauerhaft die Initiative unterstützen, soweit sie deren Aktivitäten im Unternehmenssinn logisch und argumentativ vertreten können. Und meistens sind sich ja ganz viele Kollegen einig, dass „etwas geschehen muss": Bisweilen fällt die Nachfrage um Unterstützung auch bei Entscheidern auf fruchtbaren Boden, denn das Problemverständnis für Anliegen einer Graswurzelinitiative ist in der Organisation vielfach auf überraschend breiter Ebene vorhanden. Nur ist es den verantwortlichen Kollegen nicht in allen Fällen gegeben zu handeln, und da kommen dem einen oder anderen Entscheider die mutigen Akteure und „Kultur-Hacker" mit ihrer Graswurzelinitiative gerade recht.

Eine Graswurzelinitiative wird von außen sichtbar

Werfen wir daher einen Blick auf bereits kurz erwähnte Graswurzelinitiative bei der Münchner BMW Group. Simon Sagmeister schreibt in seinem Buch „Business Culture Design" über sie: „Inspiriert durch einen Culture-Map-Kulturvergleich formierte sich

113

bei BMW beispielsweise der Connected Culture Club. Kollegen unterschiedlicher Bereiche und unterschiedlicher Hierarchien haben sich darin zusammengeschlossen, um sich gemeinsam mit dem Thema Unternehmenskultur zu befassen. Sie tauschen Wissen aus, um die Kultur des Unternehmens bewusst mitzugestalten. Keiner von ihnen muss dies tun, sie alle investieren ihre Zeit in den Culture Club, ohne dafür bezahlt zu werden. Mit ihrer Arbeit etwas Sinnvolles für die Organisation tun zu können, das reicht als Motivation. Im Culture Club spielen hierarchische Beziehungen keine Rolle, was keineswegs für Chaos sorgt. Im Gegenteil: Auf diese Weise kann der Club unterschiedlichste Beiträge integrieren und kreative Lösungen erarbeiten."

Und selbstverständlich profitiert ein Unternehmen von dieser für Organisationen immens wichtigen Auseinandersetzung im Hinblick auf Verbundenheit und Identifikation. So sieht es im Übrigen auch der BMW-Group-Leiter Strategie und Digitalisierung, Jens Monsees: „Es gibt beispielsweise inzwischen einen BMW Group Culture Club, der sehr fruchtbar arbeitet und auch Feedbacks bottom-up an das Topmanagement zurückspielt. Im Unternehmen gibt es eine Aufbruchsstimmung und wir wollen dieses Momentum nutzen, um die Digitalisierung auf allen Ebenen voranzutreiben" zitiert die Computerwoche vom 9.3.2017 den Entscheider des Automobilherstellers.

Aber nicht nur die Führungskräfte nehmen die Initiative der Connected-Culture-Club-Initiatoren wahr, sondern auch ein eigenes LinkedIn-Profil und die Beteiligung an internen und externen Diskussionen rund um Kulturfragen sorgen für Wahrnehmung und Sichtbarkeit; vor allem aber für den Austausch mit Gesinnungsgenossen innerhalb und außerhalb der eigenen Organisation.

Auch bei den „Grains" der Siemens AG legen die Akteure jetzt zusehends Wert auf Sichtbarkeit im Unternehmen. Ihrem Namen treu bleibend, tragen sie Anliegen wie neue Formen der Entscheidungsfindung, Arbeit auf Augenhöhe, effizientere Formen der Abstimmung und Arbeitsorganisation in ihr alltägliches Arbeitsumfeld zurück. Im Fokus ihrer Arbeit stehen Methoden und Instrumente von Selbstorganisation. Hierzu bieten die Grains-Mitglieder an unterschiedlichen Standorten Selbstorganisations-Workshops an, die angesichts des Schlagwortes „New Work" und dem damit wachsenden Interesse an neuen Arbeits- und Organisationsformen sich schnell großer Beliebtheit erfreuen. Für die Akteure bedeutet das gleichzeitig eine große logistische Herausforderung. Denn nun geht es nicht mehr um gelegentliche Treffen, sondern darum, die Genehmigung für eine Dienstreise an einen anderen Standort zu erhalten und dort etwas zu leisten, das in der eigenen Kostenstellenbilanz nur unter Aufwand zu verbuchen ist. Hinzu kommen Restriktionen der Führungskräfte, die, durchaus verständlich, andere Vorstellungen vom inhaltlichen Auftrag des Teams sowie der individuellen Zielerreichung und Produktivität haben: Eine Lösung muss her, um dieser ansteigenden Nachfrage gewachsen zu sein. Wollen die Einen diese Ressource ganz ohne weitere Verrechnung Kollegen anderer Standorte zur Verfügung stellen, um ihre Botschaft unabhängig von den wirtschaftlichen Möglichkeiten der Auftraggeber zu verbreiten – denn es geht ja um die Sache, um die Verbreitung einer Philosophie, einer neuen Haltung – sehen Andere gerade in der Möglichkeit der Verrechnung die Chance auf eine höhere Akzeptanz.

Es ist ein schmaler Grat, denn genau die Kostenstellen- und Verrechnungslogik ist es ja, die Mitarbeitende in Unternehmen davon abhält, funktionsübergreifend Lösungen gemeinsam zu finden. Bedient man also weiter die alte Struktur der ausgetretenen Pfade, besteht die Gefahr, dass sich die so gut gestartete Mission wirtschaftlich verselbstständigt und als innovatives Geschäftsmodell in den Regelbetrieb eingemeindet wird.

Beide Fraktionen – jene, die die Leistung weiterhin pro bono anbieten wollen, und andere, die eine Verrechnung für gerechtfertigt und sinnvoll halten – versuchen, nebeneinander zu bestehen. Ein Kollege wird von seiner Führungskraft vollständig freigestellt, um als Consultant Selbstorganisations-Workshops durchzuführen, jedoch an die Bedingung der internen Leistungsverrechnung geknüpft. Für andere kommt schon aufgrund mangelnder Strukturen ihres Funktionsbereiches ein solches Vorgehen nicht infrage, denn nicht alle Organisationseinheiten können als Profit-Center intern verrechnen: Diese Kollegen fliegen unter dem Radar, machen Dienstreisen zu solchen Einsätzen in ihrer Freizeit und tragen ihre Reisekosten selbst. Und schließlich: Viele der Anfragen kommen ja genau aus der Mitte – von Kollegen, die gar keine Budgethoheit haben, aber den sehnlichen Wunsch, die Rollen und Prozesse selbstorganisierter Organisationsstrukturen zu erlernen. Neben dem administrativen Eiertanz dieser Herausforderungen wird auch die Gründung eines hausinternen Start-ups erwogen, das selbstverständlich dem logischen Wirtschaftlichkeitsgebot folgen müsste, nämlich, Verrechnungsvolumen zu generieren. Es ergibt sich schon hier ein nicht immer einfacher Richtungsstreit, wie man unschwer erkennen kann.

Parallel dazu laufen die inhaltlich so wichtigen Workshops weiter, denn sie sollen den Kollegen draußen die Augen für zeitgemäße, partizipative Führungs- und Entscheidungsstrukturen öffnen. Denn nur so wäre, darin sind sich die Mitstreiter einig, mehr Agilität – und mehr Mitgestaltung möglich, nur so würde das Unternehmen seine Potenziale ausschöpfen.

Und immer wieder finden sich Anlässe für Großgruppenevents: Die Grains organisieren Filmabende an den Unternehmens-Standorten, auf denen Filme wie „Augenhöhe" oder „Stille Revolution" gezeigt werden, und wo anschließend diskutiert wird, welche Relevanz die Themen für die eigene Arbeitswelt haben. Es handelt sich dabei um Filme, die zeigen, dass wirtschaftliches Handeln auch ganz anders gelebt werden kann. Bisweilen kommen Mitwirkende aus den Filmen oder aus der AUGENHÖHE-Initiative dazu: AUGENHÖHE entstand aus der Idee, die Werte der Arbeitswelt des 21. Jahrhunderts – Partizipation, demokratische Entscheidungsprozesse – nicht immer nur in Worten zu beschreiben, sondern sie auch filmisch zu verarbeiten und erlebbar zu machen.

Uns haben die Siemens-Grains vor allem mit ihrer methodischen Stabilisierung beeindruckt. Dazu gehörten

- die Grains-Mitgliedschaftskriterien in Form eines Manifestes, das für alle Neumitglieder bindenden Charakter hat
- ein ausgefeiltes Mentorenkonzept als Grundelement des voneinander miteinander Lernens und der schnellen Verbundenheit mit den Zielen und Vorgehensweisen der Gruppe
- der wöchentliche partizipative, agile Abstimmungsprozess mit sauberer Rollendisziplin und Kommunikationsstruktur, die jedem Mitglied im regelmäßigen Doing die Elemente von Selbstorganisation erlebbar macht

116

- die hohe Wertschätzung im Miteinander
- die partizipative Dokumentation über ein Kanban-Board, das für Transparenz sorgt und die Aktivitäten der Gruppe strukturiert und fokussiert

Und während beim Connected Culture Club die **Sichtbarkeit** als starkes verbindendes Element unübersehbar ist, zeichnet sich die Grains-Initiative durch ihre starke **Verankerung** in Form der beschriebenen, bestens strukturierten Zusammenarbeit und durch einen konsequent gelebten, gemeinsamen Kodex aus.

Im Zwischenreich zwischen Graswurzel und Formalisierung

An allen von uns beobachteten Initiativen nehmen wir wahr, dass sie in dieser Phase eine Vereinnahmung seitens der Regelorganisation meistens zu vermeiden suchen – gleichzeitig aber selbst formale Strukturen aufbauen, um die Herausforderungen einer wachsenden informalen Organisation zu bewältigen.

Die **Gratwanderung** heißt also in der Tat, **Abstand zum operativen Betrieb** wahren, um noch als **Graswurzelinitiative** unterhalb des Radars zu fliegen – gleichzeitig aber den **Schwung beibehalten**, um im Idealfall eine **kritische Masse in Bewegung zu versetzen**.

Denn nur so kann die Initiative großflächig akzeptierten Einfluss nehmen, mitgestalten und als sichtbares Vorbild Partizipation demonstrieren.

Wer sich aber aus der Deckung wagt, muss damit rechnen, dass ihm Kugeln um den Kopf fliegen – abgefeuert von Heckenschützen, die man gar nicht auf dem Radar hatte, oder von Gegnern, die sich durch die Graswurzelinitiative herausgefordert fühlen und zum Gegenangriff übergehen.

Das nächste Kapitel beschreibt daher Risiken und Nebenwirkungen der Graswurzelinitiative bei der gewollten oder nicht vermeidbaren Annäherung an die Regelorganisation.

3.5 Out of control: Die Bewegung erhält Gegenwind

Wer hat eigentlich das Monopol auf Veränderungsinitiativen im Unternehmen? Und wer ist eigentlich „zuständig" für Innovation? Spannende Fragen, denn es zeichnet die klassische Hierarchie ja geradezu aus, die unterschiedlichen Aufgaben der Organisation in unmissverständlich und eindeutig geregelten Funktionsstrukturen abzuarbeiten. Und es scheint nahezu menschlich, dass diese zu schnell abgegrenzten Revieren mit hohen Zäunen werden, in denen peinlich genau auf Zuständigkeit und Verantwortlichkeit verwiesen wird; die allseits kritisierte Silokultur gerade in großen Konzernen nimmt genau hier, im Bauplan der traditionellen Organisation, ihren Anfang. Woher kommt das? Die einen sehen die fest etablierte Kommando- und Kontrollstruktur gefährdet und fürchten Chaos und Desorientierung, wenn sich die Zuständigkeiten vermischen. Andere sehen den eigenen Funktionsbereich in Gefahr: Was sagt es über mich, über die Wertschätzung für meine Arbeit, über meine Wirksamkeit in der Organisation aus, wenn ich beispielsweise in der Funktion der Forschung und Entwicklung für Innovation im Unternehmen verantwortlich zeichne, und dann irgendjemand im eigenen Haus einen Innovations-Hackathon für alle initiiert? Wo kommen wir als Organisation, als Gemeinschaft hin, wenn sich praktisch jeder berufen fühlt, auf solcherlei Weise womöglich indirekt Kritik am eigentlich Zuständigen zu üben? Wäre irgendwer vor 30 Jahren in einer traditionellen Unternehmenskultur auf eine ähnliche Idee verfallen? Solche Formen von „Ungehorsam" und „Wildwuchs" aus der Mitte der Organisation sind ja ein Phänomen neuerer Zeit, einer demokratie-sozialisierten Mitarbeiterschaft. Was also tun, wenn sich wie im Fall von #WIRsindAudi unabgestimmt und ohne vorher um Erlaubnis ersucht zu haben, Mitarbeitende aus der Fertigung für den externen Kommunikationsjob mit verantwortlich fühlen? Und zwar beispielsweise, indem sie den kritischen Diskurs, der sich auf externen sozialen Plattformen aus der Mitarbeiterschaft Luft macht, durch die Einladung in eine eigens dafür angelegte Gruppe zu moderieren. Eine solche Energie ist zugegebenermaßen eigentlich ein großer Segen für einen Arbeitgeber, denn der sich so entwickelnde Austausch in der Gruppe sorgt für einen sachlichen Ton und darüber hinaus für Identifikation mit Unternehmen und Marke. Klar ist aber auch, dass man mit solcherlei Aktivitäten Funktionen wie der Personalabteilung oder der Unternehmenskommunikation ins Gehege kommen kann.

In diesem Kapitel geht es um verschiedene Spielarten von Konflikten und Widerständen, die nahezu naturgemäß im Zuge des Denkens und Handelns außerhalb von Regelstrukturen auf den Plan kommen.

Wie reagiert die Formalorganisation?

Wenn Menschen in Organisationen sich ohne Auftrag auf den Weg machen, sind vielerlei Reaktionen denkbar. Dazu gehört das Ausbremsen durch kategorischen Widerstand ebenso wie der Versuch, die Initiative oder Teile daraus in die Regelorganisation einzugemeinden, um sie auf diese Weise kontrollierbar zu machen. Und manchmal passiert überraschenderweise weder das eine noch das andere. Ja, manchmal löst sich nach einem intensiven Strohfeuer von großer Energie die Initiative in Wohlgefallen und Erinnerung auf. Auch darüber werden wir an späterer Stelle reflektieren.

Kommen wir zurück auf den hier bereits eingeführten Gesellschaftstheoretiker Niklas Luhmann, dann wohnen jeder Organisation drei für Wirkung und soziales Miteinander relevante Strukturen inne: Eine Schau-, eine Formal- sowie eine informale Seite. Unter Schauseite versteht Luhmann jene bewusst gestaltete (Außen-)Perspektive, mit welcher die Organisation wahrgenommen werden will. In der Regel handelt es sich um gewinnende, bisweilen geschönte Eigenschaften, die die positive Wahrnehmung und Darstellung ins Zentrum rücken. Zu ihr zählen die sichtbaren Werte des Unternehmens, seine Kultur und sein Zweckverständnis – Dinge, die ein Unternehmen gern in sein Schaufenster stellt, auch wenn sie mit dem eigentlichen Betrieb mitunter wenig zu tun haben.

Stefan Kühl, Organisationssoziologe an der Universität Bielefeld, bezeichnet diesen Aspekt der Organisation daher als „Fassade". Gleichwohl erfülle die zur Schau gestellte Seite eine wichtige Funktion: „Jede Organisation – die Regierungsparteien genauso wie die Parteien der Opposition, multinationale Entwicklungshilfeorganisationen genauso wie die globalisierungskritischen Nichtregierungsorganisationen, die großen Automobilkonzerne genauso wie die Gewerkschaften oder der Betriebsrat dieser Firmen – ist (…) darauf angewiesen, ihrer Umwelt neben ihren eigentlichen Leistungen immer auch eine geglättete Darstellung ihrer selbst zu bieten."

Die zweite Struktur, die Formalseite der Organisation hat dagegen die Aufgabe, die augenscheinlichen Merkmale („Signifikanten") der Schauseite inhaltlich konkret auszugestalten. Zur Formalseite gehören Regeln, Prozesse und Strukturen, die den Mitarbeitenden – nach Luhmann die „Mitglieder der Organisation" – Orientierung vermitteln. Gleichfalls regelt die Formalseite die Kommunikationsstruktur: Wer darf mit wem worüber sprechen, wer ist autorisiert, mit wem und worüber zu entscheiden?

Interessanterweise bildet jede Organisation früher oder später als dritte Struktur eine informale Seite heraus. Bei näherer Betrachtung dieser inoffiziellen Facette, so Kühl, scheint es „in der Welt der Organisation (…) viel wilder zuzugehen, als die gut kommunizierbare Formalstruktur oder gar die Nichtmitgliedern präsentierte Schauseite es vermitteln". Dies gilt allein schon deswegen, weil es Mitarbeitenden im Rahmen der gut geregelten Formalseite gar nicht gelingen kann, den Zweck der Organisation oder ihre Ziele zu erreichen, sprich, reibungslos ihren „Job" zu erledigen. Wie auch, die Architekten der Organisation sind in einer zunehmend komplexen (Arbeits-)Welt ja immer weniger in der Lage, alle entscheidungsrelevanten Eventualitäten so vorzudenken, dass jeder Mitarbeitende zu jeder Zeit daraus wirksames und korrektes Handeln abzuleiten vermag. Es gibt also eine mit zunehmender Komplexität wachsende Anzahl nicht geregelter Bereiche, und es gibt Bereiche, deren Regeln, nicht oder nicht mehr anwendbar sind, wenn Mitarbeitende ihre Ziele und die Ziele der Organisation erreichen wollen. Auf diese Weise entwickeln sich in Organisationen „Netzwerke bewährter Trampelpfade" (Kühl), die die Mitarbeitenden nutzen, um ihre Aufgaben nach bestem Wissen und Gewissen im Sinne des Unternehmens zu erledigen. Im Umkehrschluss heißt dies, wenn sich Mitarbeitende in jeder Situation regelkonform verhalten, und damit ihren Job sprichwörtlich als „Dienst nach Vorschrift" versehen würden, führte dies früher oder später zur Lähmung der Organisation.

Dienst nach Vorschrift versus Dienst ohne Vorschrift

Als das praktische Gegenteil des Dienstes nach Vorschrift hatten wir schon in Kapitel 3.4 auf den organisationssoziologischen Begriff der „brauchbaren Illegalität" hingewiesen. Dieser Begriff, der uns bei der Betrachtung von Graswurzelinitiativen hilfreich scheint, steht für die Motivation von Mitarbeitenden, ihr Unternehmen auch gegen die herrschende formale, jedoch bisweilen bremsende, lähmende oder hinderliche Praktik voranbringen zu wollen. Und genau dieser „Dienst ohne Vorschrift" erfordert eine hohe Energie der Mitarbeitenden, sich der formalen Kontrolle durch die bürokratische Formalstruktur zu entziehen, um ihr Unternehmen ihren eigenen Ansprüchen gemäß „besser" zu machen, wie auch immer sie dieses „besser" individuell definieren: Wirkungsvoller, effizienter, attraktiver, ehrlicher, lebenswerter, liebenswerter …

Das ist in einigen Regelungslücken der formalen Organisation durchaus erwünscht. Aber wie wir in der Analyse der Graswurzelinitiativen sehen können, gilt das keineswegs überall und für jede Form des „ungeregelten" Engagements der Mitarbeitenden.

Jede **interne**, nicht kontrollierbare **Aktivität** außerhalb des Regelbetriebes muss also zwangsläufig zu Konflikten und zum Widerstand derer führen, die in der Formalstruktur mit **Positionsmacht** ausgestattet sind, und die damit das **Gestaltungsmonopol der Organisation** innehaben.

Sie, in der Regel die Entscheider, können, ja müssen die Entwicklung einer Graswurzelinitiative zunächst mit Recht auch als Kritik an der eigenen Führungs- und Steuerungsaufgabe der Organisation interpretieren.

Und darüber hinaus obliegt ihnen die Disposition von Zeit und Arbeitsinhalten ihrer Mitarbeitenden; damit liegt es in der Natur von Graswurzelinitiativen, dass sie sich früher oder später zu Entscheidern verhalten müssen. Denn die besorgte Frage, wohin es führt, wenn jeder im Unternehmen ungeachtet seiner zugewiesenen Verantwortung macht, was er für richtig hält, lässt nicht lange auf sich warten. Das setzt Entscheider unter Zugzwang, denn je größer, sichtbarer und wirksamer eine Graswurzelinitiative wird, umso größer wächst auch der Druck auf Führungskräfte, sich zu ihnen zu verhalten.

Dabei ist auch den Graswurzelinitiative-Akteuren klar, dass sie einen einflussreichen Fürsprecher brauchen, um für ihre brauchbare Illegalität ein Placet zu erhalten, und um langfristig Wirksamkeit zu entwickeln. Die Siemens Grains hatten sich keinen geringeren als den CEO „Schutzpatron der Querdenker" ausgesucht. Denn Querdenken bedeutet ja bereits, die Formalstruktur durch konkludentes Handeln, beispielsweise die Gründung einer Projektgruppe wie der Grains, auf eigene Faust, zu hinterfragen. So wird Kaeser Weihnachten 2017 zum Adressat eines ganz besonderen Geschenks: Die Mitstreiter der Grains überreichen ihm ein Booklet mit den Portraits von rund 50 der Mitgliedern – jedes versehen mit einem Motivationsstatement, warum Siemens die Grains braucht oder aber, warum man sich der Gruppe angeschlossen hat. Ein deutlicheres Heraustreten aus der Illegalität kann es praktisch gar nicht geben.

Die Reaktionen von Entscheidern auf das Gewahrwerden einer nicht genehmigten Initiative fallen unterschiedlich aus. Während die einen die Initiative ihrer Mitarbeitenden begrüßen, und bereitwillig Freiräume dafür schaffen, gibt es andere Vorgesetzte, die diese Form des unerlaubten Regelbruchs schon aus Prinzip nicht dulden. Mitunter liegt es aber auch an abweichenden Prioritäten oder an der fehlenden Bereitschaft, die eigenen Ressourcen für übergeordnete, nicht dem Abteilungsziel dienenden Aktivitäten freizustellen. So bedeutete es für die Grains eine kritische Zerreißprobe, als einige Mitglieder über ihre persönlichen Zielerreichungsgespräche praktisch gezwungen wurden, ihr Engagement zu beenden, um sich anders als im Sinne ihrer persönlichen Zielvereinbarung im Unternehmen zu engagieren.

Doch selbst wenn eine Führungskraft dem Anliegen einer Graswurzelinitiative wohlwollend gegenübersteht, muss sie überlegen, ob sie diese wirklich unterstützen und damit möglicherweise eine Büchse der Pandora öffnen will. Denn grundsätzlich stellt sich in einer Gemeinschaft von Zusammenarbeitenden stets die Frage: „Was, wenn alle das tun?" So ist die Befürchtung, die Erlaubnis eines Einzelnen könne eine unerwünschte Kettenreaktion hervorrufen, nicht von der Hand zu weisen. Zudem, Konflikte im Team sind vorprogrammiert, wenn die Kollegen im Team den Eindruck gewinnen, dass von ihnen mehr Produktivität gefordert wird als von den aktiven Querdenkern, die sich augenscheinlich nach Lustprinzip interessante Aktionsfelder suchen.

Wertekonflikte, Zeitkonflikte, Ressourcenkonflikte

Und auch die Bewegung selbst wird immer wieder auf harten Proben gestellt: Bei den Grains stellte sich beispielsweise die Frage: Was bedeutet es, wenn wir mit einem informalen Thema – unserer Dienstleistung der Selbstorganisationsworkshops – der Formalstruktur ins Gehege kommen, indem wir anderen Einheiten Leistung gegen Verrechnung anbieten? Damit machen wir uns zwar als interne Transformationsberater über die Einnahmen aus der Verrechnung unangreifbar, sind jedoch nicht zwingend in Linie mit der Unternehmensstrategie, denn mit ihr haben wir unser Vorgehen nicht abgestimmt. Und schließlich gibt es Einheiten, die explizit für Transformation oder organisationales Lernen stehen – wie geht es diesen mit dem Alleingang der Graswurzel-Akteure?

Für jeden der Akteure schwingt in der Außenwirkung immer mit: Wer offenkundig Zeit, Energie und Wissen in eine Graswurzelinitiative investieren kann, ist dem Anschein nach mit den ihm zuerkannten Aufgaben und Zielen nicht ausreichend ausgelastet.

Wie können Graswurzelinitiative-Akteure und Entscheider in diesem Spannungsfeld agieren? Wie lässt sich diese Phase des Graswurzelwachstums so überbrücken, dass Unternehmen wie Akteure vom eigentlichen Graswurzelinitiative-Anliegen profitieren?

Tipps für Entscheider

Führungskräfte sind gut beraten, die Energie, die aus brauchbarer Illegalität jeglicher Art erwächst, nicht zu unterdrücken. Vielmehr brauchen die Akteure einen Schutzraum, einen Fürsprecher, der ihre Aktivitäten gutheißt und verteidigt. Gleichzeitig sollten Entscheider feinfühlig und klug im Konsens mit den Akteuren über Möglichkeiten der Überführung in die Regelstruktur nachdenken. Das Agieren in der brauchbaren Illegalität ist im Zweifelsfall nicht revisionssicher und könnte in kritischen Fällen als Regelverstoß gewertet werden, der formal zu sanktionieren wäre. Also bedeutet Schutz hier bereits, informales Verhalten in aller Umsicht zu formalisieren.

Grundsätzlich gilt: Entscheidungsträger sollten sich keine Praktiken aufdrängen lassen, die der Organisation schaden, sie verlangsamen oder Entscheidungen schwerer machen als in der Formalstruktur. Dazu bedarf es jedoch eines sachlichen Dialogs jenseits von Positionsmacht und Führungsprivilegien: Im Idealfall entwickeln Graswurzelakteure und Entscheidungsträger einvernehmlich eine Struktur, die beiden Wertsystemen gerecht wird. Ein ausgeprägtes Fingerspitzengefühl im Umgang mit „brauchbarer Illegalität" wird zum Erfolgsrezept: Entscheider sollen Verständnis dafür entwickeln, womit die Akteure sich beschäftigen, was gegebenenfalls in der Regelorganisation fehlt oder neu geregelt werden muss.

Im Grunde kann dem Unternehmen **nichts Besseres passieren als Engagierte**, die bereit sind, eine **Extrameile zu gehen** und sich über ihre Aufgabe hinaus für das Unternehmen zu **engagieren**.

Dass die neue Herausforderung „Graswurzelinitiative" und damit das notwendige Fingerspitzengefühl bisweilen für Entscheider ein Lernfeld ist, haben einige unserer Graswurzel-Akteure erfahren. Als Harald Schirmer, der das interne soziale Netzwerk der Continental AG zum Leben erwecken wollte, seinen Vorstand zu überzeugen suchte, ein Netz von freiwilligen Veränderungstreibern aufzubauen, quittierte er eine kategorische Ablehnung. Die geäußerten Bedenken: Wenn sich hier ein Mitarbeitender ein eigenes Netzwerk von 400 Freiwilligen, ja vielleicht im heutigen Sinne sogar Followern, aufbaut, dann könnte dies die sauber konstruierten und so lange sorgsam abgewogenen Kommunikationsstrukturen erschüttern. Schirmer sah seinerseits keine andere Chance, die neue interne Vernetzungs-Plattform ConNext zum Fliegen zu bringen. Also ließ er nicht locker und erreichte im Schulterschluss mit einem anderen Vorstand, der sich als Sponsor anbot, den offiziellen Segen zum Aufbau des Guide-Netzwerks.

Ein anderes prominentes Beispiel finden wir bei Katharina Krentz, Senior Consultant New Work & Digital Collaboration bei der Robert Bosch GmbH in Stuttgart. Krentz hatte in ihrem Unternehmen den offiziellen Auftrag, ein Curriculum für die im Unternehmen aufgebauten Community-Manager zu entwerfen. Beim Scouting geeigneter Qualifizierungsmaßnahmen begegnete ihr früh die Idee von Working Out Loud. Aber erst mit Vorstellung des gleichnamigen Peer-Learning-Programms Working Out Loud von John Stepper im Juni 2015 gelang es, das wirkmächtige Programm bei ihrem Arbeitgeber auf eine größere Bühne zu heben.

Nebenwirkung Graswurzelinitiative

Anders als viele der vorgestellten Graswurzeln gab es bei Krentz zunächst mit der oben umrissenen Aufgabe einen klaren wirtschaftlichen und inhaltlichen Auftrag seitens der Organisation. Dieser eröffnete den Freiraum, ein Programm wie Working Out Loud als Lösung für eine unternehmerische Herausforderung in Erwägung zu ziehen. Weithin sichtbar trieb sie zunächst die Ausbildung der Community-Manager voran. Deren Aufgabe sollte es sein, Vernetzung und offenes Teilen von Wissen vorzuleben, Mitarbeitende zusammenzubringen, Inhalte im Netzwerk BoschConnect zu kuratieren, zu Diskussionen anzuleiten und eine andere Art der virtuellen, vernetzten Zusammenarbeit zu etablieren. Eine wichtige Idee dabei: Communities bei Bosch folgen ganz bewusst und erwünscht nicht hierarchischen oder Abteilungs-Grenzen, sondern Mitarbeitende gruppieren sich rund um persönliche Interessenschwerpunkte.

Während das formal verankerte Programm für Community-Manager sich an Teams und Gruppen richtet, stellte sich Krentz die

Frage: Wie erreichen wir den einzelnen Mitarbeitenden, der virtuell und gut vernetzt arbeiten will? Der Schlüssel fiel ins Schloss, als mit dem Lernprogramm von John Stepper namens Working Out Loud und den von Stepper vorgelegten Lern-Leitfäden (Circle Guides) zum Selbststudium in Kleingruppen die Lösung praktisch auf dem Tisch lag: Dieses Lernprogramm für die vernetzte Arbeitswelt erweist sich aus ihrer Sicht als das fehlende Puzzle-Stück für die Etablierung neuer Arbeitsweisen.

Krentz, die erste wenig ermutigende Gespräche mit Entscheidern in ihrem Umfeld geführt hatte, war auf Widerstand vorbereitet. Sie kannte ihr Haus und die gut beschriebene Formalstruktur und so gelingt es ihr, Klippen zu umschiffen, zum Beispiel, als sie erste Versuche mit dem Programm explizit in ihre Freizeit legt. Erst nachdem sie sich gemeinsam mit einer Gruppe eng Vertrauter selbst überzeugt hat, geht sie den nächsten Schritt, um die Freigabe für ihr Experiment zu erhalten.

Die sollte ein knappes Jahr dauern; eine Phase, in welcher sie das Lernprogramm selbst erprobt, die ersten Pilotgruppen begleitet, das Lernprogramm in Zusammenarbeit mit dem Autor auf die Bedürfnisse des eigenen Unternehmens adaptiert und weiterentwickelt, Mitstreiter gewinnt, ihre Erfahrungen und Ergebnisse mit frühen Nutzern anderer Unternehmen teilt und schließlich das Netzwerk rund um Working Out Loud in Deutschland maßgeblich mitgestaltet, um so die notwendige Schwungmasse für eine größere Bewegung aufzubauen.

Darüber hinaus unternimmt sie große Anstrengungen, das Thema verstärkt über externe Medien und Veranstaltungen bekannt zu machen, wissend, dass je populärer auch eine Management-Mode wird, desto legitimer kann die Durchsetzung im eigenen Unternehmen wirken. Und es gelingt ihr, Christoph Kübel, den Arbeitsdirektor (CHRO) ihres Unternehmens zu überzeugen, die Initiative nun auch offiziell als Schirmherr zu unterstützen. Durch sein Mitwirken wird die Teilnahme an dem Programm auch von höchster Stelle legitimiert; und die dadurch generierten Mehrwerte stellen sich nun offiziell als zur Gesamtstrategie von Bosch passend dar: Bosch als Unternehmen, das für Vernetzungslösungen (Internet of Things IoT) steht – da ist der hochvernetzte Mitarbeitende nur konsequent gedacht. Wichtige Nebenwirkung des prominenten Fürsprechers:

Die leidige Frage, ob die Teilnahme an einem Working-Out-Loud-Circle während der Arbeitszeit zulässig ist oder nicht, verliert ihre Relevanz.

Konsequenz: Der **lernende Mitarbeitende**, der sich sein Lernfeld selbst definiert und nicht um Erlaubnis fragen muss, **wird zu seinem eigenen Lerncoach**; er darf und muss **Verantwortung** für seine **persönliche Entwicklung** mittragen.

Heute können Interessierte bei Bosch ihren Lern-Zirkel nicht nur in einer Community auf der Kollaborationsplattform BoschConnect, sondern auch über das Akademieprogramm finden – und in jedem Fall absolut selbstorganisiert mit offiziellem Segen loslegen. Krentz ist damit genau der strategische Brückenschlag zwischen der Formalstruktur und ihrer Graswurzelinitiative gelungen. Das Ergebnis: WOL liefert einen wichtigen Beitrag zu Vernetzung, Zusammenarbeit, Lernen und Kulturwandel bei Bosch.

Hauptwirkung Graswurzelinitiative

Dass es im gleichen Unternehmen auch ganz anders laufen kann, zeigt die Geschichte der Zukunftsschwärmer. In dieser Gruppe von Bosch-Ingenieuren, die sich mit den ethischen Fragen ihres Berufsstandes auseinandersetzt, hatte Initiator Karsten vom Bruch mit kritischen Fragen, zum Beispiel zu Abgaswerten der Dieselmotorentechnologie, scheinbar bei vielen Kollegen einen Nerv getroffen. Vom Bruch scheut keine Konflikte und steht auch gegen Widerstände felsenfest zu seiner Auffassung, dass sein Unternehmen im Sinne seines Gründers einen höheren Anspruch an seine gesellschaftliche Verantwortung haben solle. Und diese Verantwortung fordert er wiederholt und ganz offen im internen sozialen Netzwerk, für alle sichtbar, ein. „Ich war, auch nach persönlichen Gesprächen mit dem Bosch-Chef Volkmar Denner, überzeugt: Wenn in der Automobilindustrie überhaupt etwas gedreht werden kann, dann bei Bosch, weil das Unternehmen keine Aktiengesellschaft ist und weil es die Werte des Firmengründers gibt", erzählt vom Bruch dem Wirtschaftsmagazin „brand eins".

Die Irritation durch die kritischen Fragen der Zukunftsschwärmer bleibt nicht aus. Vom Bruch spricht Entscheidungsträger direkt an, und einige öffnen sich tatsächlich temporär dem kontroversen Dialog, bis dieser jedoch irgendwann ohne Ergebnis abbricht. So verhärten sich die Positionen Ökologie versus Ökonomie zusehends: Hier das berechtigte Bemühen um Arbeitsplätze auch mit der umstrittenen Dieseltechnologie; dort der Anspruch, sich mit höchster Priorität ökologischen Alternativen zuzuwenden, im Zweifelsfall auch um dem Preis bestehender Aufgabengebiete, Kompetenzen und letztlich auch Arbeitsplätze.

Von außen scheint es, als seien die Entscheidungsträger des Unternehmens noch nicht bereit für den transparenten und kontroversen Dialog Ökologie versus Ökonomie, der im Übrigen spätestens seit Greta Thunberg in jeder Familie geführt wird. Vom Bruch und seinen Ingenieurskollegen konfrontieren unermüdlich mit Handlungsdruck und Handlungsoptionen; eine Auseinandersetzung, die im internen sozialen Netzwerk zum Macht- und Meinungsfaktor gerät. Geht man davon aus, dass Schauseite und Formalstruktur im Sinne eines Immunsystems wirken, so sind abweichende Meinungen und Praktiken zunächst Eindringlinge in ein dem Augenschein nach funktionierendem System. Wie der menschliche Körper haben auch bürokratische Immunsysteme Mechanismen, Eindringlinge abzustoßen. Die kritische Diskussion gerät zur unbequemen, unberechenbaren Bedrohung. Sie so gut es geht auszublenden, scheint weise. Denn anders als im Fall von Krentz, wo es um Kommunikations- und Lernkultur geht, steht im Fall der Zukunftsschwärmer immens viel auf dem Spiel, nämlich die substantielle Frage der Unternehmensstrategie und damit der technologischen Zukunft eines erfolgreichen Traditionsunternehmens. So erhält vom Bruch nach einigen, wie heute erwiesen ist, fingierten Konflikten, eine fristlose Kündigung und muss das Unternehmen verlassen. Doch die Atempause für die Entscheider ist nur kurz, denn auch ohne vom Bruch schwärmen die ethisch geprägten Ingenieure in ihrer Community „Zukunftsschwärmer" weiter, stellen Fragen und halten die Diskussion aufrecht. Das Unternehmen erlegt sich im Jahr 2019 einen strengen ethischen Entwicklungskodex auf, und nicht Wenige vermuten, dass die Zukunftsschwärmer mit ihrer unermüdlichen Forderung, die genau in diese Richtung gezielt hatte, dem Unternehmen den entscheidenden Impuls gegeben haben. Das Unternehmen verschreibt sich damit dem Credo ihres Gründers: „Lieber Geld verlieren als Vertrauen."

Für Karsten vom Bruch ist klar, worauf es ankommt, wenn man eine wirklich diskursive Kultur etablieren will: „In den Köpfen und Herzen der Mitarbeitenden muss ankommen, dass sie zu positiven Veränderungen beitragen können, und das auch wirklich sollen, und zwar ausdrücklich auch durch unangenehme Fragen und harte Kritik. Ohne dass sie Angst um Job und Karriere haben müssen. Dafür brauchen sie glaubwürdige Signale vom Arbeitgeber, dass man Schutz bekommt, falls man wie ich im Dickicht der Hierarchie ins Feuer gerät."

Schutzraum für Kritik und Kritiker

Über diese Form der „Psychological Safety" wird heute in Unternehmen viel diskutiert: Der offene und ehrliche, bisweilen eben auch kritische Dialog, der Mitarbeitende und Unternehmen konstruktiv weiterentwickelt, kann nur gelingen, wenn der Stärkere, die Organisation, ihre Macht nicht ausspielt und im Falle offener Kritik die individuelle Existenz nicht zum Spielball von Entscheidern wird.

Tipps für Graswurzel-Initiatoren

Die Kommunikationskultur einer Organisation, das Rückgrat für Führung, Entscheidung und Zusammenarbeit, ist nur zum Teil in Regeln und Prozessen verankert. Vieles von dem, was Unternehmen machen, wie sie es machen, speist sich aus der langjährigen vielfach ungeschriebenen Praktik des Miteinanders. Und es funktioniert leidlich – auch und gerade im Zusammenspiel von Schauseite, Formalseite und informaler Seite, sonst können Organisationen gar nicht erfolgreich sein. Mit einer Initiative im Bereich der brauchbaren Illegalität stellen die Akteure alle gängigen Strukturen infrage. Schon die Anwendung einer nicht üblichen Praktik stellt eine Kritik am herrschenden System dar. Da dieses System ein lebender Organismus ist, alarmiert Kritik naturgemäß das Immunsystem.

Im schlimmsten Fall meldet das Immunsystem:

- Die Graswurzelinitiative stellt das Gestaltungsmonopol der Unternehmenslenker infrage und kritisiert damit implizit deren bisherige Leistung und deren bislang erzielten Erfolge (Zukunftsschwärmer).
- Eine nicht autorisierte Person aus der Mitte bewegt in ungeplanter, unerlaubter und unkontrollierbarer Weise Ressourcen (Working Out Loud bei der Robert Bosch GmbH, Guides bei der Continental AG).
- Offenbar gibt es Mitarbeitende in der Organisation, die über ihre dezidierten Aufgaben hinaus nicht ausreichend ausgelastet sind und sich nun unerlaubt neue Spielfelder suchen.

Es gilt also im Wesentlichen, drei Themen zu fokussieren: Kommunikation, Ressourcen und Verantwortlichkeiten

Kommunikation: Der „PR-Job" der Graswurzel-Initiatoren könnte nicht anspruchsvoller sein. Eine strukturierte Stakeholderanalyse hilft, mögliche Förderer zu identifizieren, aber auch zu verstehen, wie die Frontlinien verlaufen, wem man mit seiner Initiative womöglich ins Gehege kommt, wen man aber auch unterstützen könnte:

- Gibt es ein Unternehmensleitbild oder ein neu definiertes Kulturprogramm, eine aktuelle Zukunftsvision, eine neu aufgelegte Strategie, die sinnhaft mit der Initiative in Verbindung gebracht werden kann (#gerneperdu bei der Daimler AG)?
- Welche Kollegen können als Mitstreiter die gemeinsame Sache vorantreiben? Wer im internen sozialen Netz ist als Influencer sichtbar und vertritt ähnliche Positionen?

3. Bewegung aus der Mitte – Woher? Wohin? Wozu?

- In welchen informellen Runden könnte das eigene Anliegen präsentiert werden? (Der Connected Culture Club erhielt bei Großgruppen-Workshops wie Working Out Loud, das bei der BMW Group eingeführt wurde, einen Stand, um über Ziele und Aktivitäten zu informieren).

Ressourcen: Verfügbarkeit und Budget – zwei zentrale Herausforderungen, die von den Mitstreitern der Graswurzelinitiative nicht nur organisatorisch, sondern auch argumentativ gemeistert werden müssen. Nahezu jeder Mitarbeitende eines Unternehmens arbeitet heute nach einer persönlichen Zielvereinbarung. Diese beinhaltet im Regelfall nicht die Zeit, die für die Graswurzelinitiative investiert wird. Besonders wichtig ist es daher, auf die Ressourcendiskussion vorbereitet zu sein. Oder wie Ilona Libal, Graswurzel-Initiatorin der Working Out Loud Initiative bei der BMW Group es formuliert: „Wenn du einen guten Job machst, bist du schwerlich angreifbar, wenn du dich darüber hinaus noch anderweitig engagierst." Aber Vorsicht: Für manchen Mitstreiter ist die Mitwirkung in der Graswurzelinitiative ein willkommenes Spielfeld, wenn die eigene Aufgabe keinen Spaß mehr macht. Eine solche Motivation ist kritisch, weil diese Mitarbeitenden bisweilen bereits unter Beobachtung stehen und ein problematisches Licht auf die Initiative werfen. Der Duktus des „Sammelbeckens der Frustrierten" schadet der gemeinsamen Sache und fördert Widerstand und kritische Argumentation, die im Zweifelsfall jede gute Absicht aushebeln.

Verantwortlichkeiten: Graswurzelinitiativen adressieren überraschend selten ein Problem, das noch nicht im Unternehmen gelöst wird, für das es noch keine Zuständigkeit gibt.
Working Out Loud bei der Robert Bosch GmbH? Für ein Lernprogramm gibt es eine Akademie, für das Fitmachen der Mitarbeitenden in Bezug auf Kommunikation und Vernetzung gibt es die Interne Kommunikation oder das Digital Office …

Selbstorganisation bei Siemens? Für die Beratung der Organisation gibt es gleich mehrere fragliche Bereiche und zahlreiche Change- und Transformationsexperten, für die Qualifizierung der Mitarbeitenden den Learning Campus, und die Unternehmensorganisation hat die Governance für die Organisationsform … ganz zu schweigen von der Arbeitnehmervertretung …

Die Chancen, sich nicht nur den Zorn der Entscheider, die man fundamental infrage stellt, zuzuziehen, sondern auch den Unmut von Organisationseinheiten, in deren Hoheitsgebiet das Graswurzelthema liegt, sind zahlreich und unübersichtlich. Auch ihre bisherige Arbeit wird ja potenziell infrage gestellt. Und auch hier gilt: Stakeholder kennen, Konfliktpotenziale vordenken, Allianzen schmieden. Das ist besonders in der Frühphase unter dem Radar herausfordernd, vermeidet jedoch, dass sich womöglich Verbindungen zusammenbrauen, die die Bewegung der guten Absicht zerlegen, bevor sie überhaupt Fahrt aufnehmen kann.

Rebellen kämpfen, Veränderer taktieren

Damit die idealistische Initiative nicht zu einer illusorischen Initiative wird, sind Struktur und Strategie unvermeidlich: Interessen im Umfeld kennen, Reaktionen und Gegenreaktionen vordenken und immer wieder: Vertrauen und Verständnis suchen. Dem Big Bang der heute viel beschworenen, lautstarken Organisationsrebellion (mit dem Potenzial, grandios zu scheitern) stellen wir das kluge Taktieren gegenüber.

Denn wer **Veränderung** will, muss das **Immunsystem kennen und verstehen**, um es klug und mit kühlem Kopf für seine **Ziele** zu nutzen.

Das ist kein Erfolgsgarant, aber der einzige Weg, wenn überhaupt, in einem bestehenden System dauerhaft und nachhaltig Bewegung zu erzeugen. Wer hingegen Rebellion will, muss aus unserer Sicht die Organisation verlassen, denn Rebellion bedeutet Kampf – ein immenser Kraftakt, der es unendlich erschwert, im Hauptamt einen guten Job zu machen. Denn das ist schließlich das primär bindende Glied des Mitarbeitenden zur Organisation: Kritisch wird

133

es für alle Beteiligten, wenn die in der Graswurzel zum Ausdruck gebrachte Kritik zum Hauptinhalt der Beziehung zum Arbeitgeber wird. Ein deutliches Zeichen, dass das Ende dieser Beziehung naht.

Schauen wir nun aber einen Schritt weiter: die Kommunikation in guten Händen, Verfügbarkeit und Budget argumentativ gesichert und Allianzen mit Verantwortlichen geschmiedet. Worauf kommt es noch an? Auf breite Füße kann sich eine Graswurzelinitiative, so zeigen es unsere Beispiele, nur durch das Gewinnen von Multiplikatoren stellen. Davon werden wir im nächsten Kapitel sprechen.

3.6 Multiplikatoren: Dünger für die Graswurzel

Bei wem liegt die Macht in einer Organisation? Wer lenkt, wer bewegt, wer wird bewegt?

Die kulturellen und technologischen Umbrüche unserer Tage haben das Zeug, die gängigen Machtstrukturen in Gesellschaft und Organisationen grundlegend zu verschieben. Autorität, Zentralisierung, exklusive Ressourcenkontrolle waren gestern. Die Zukunft gehört den Communities, der Kooperation, dem Crowd-Funding und der Dezentralisierung. Warum das so ist, legen Jeremy Heimans und Henry Timms sehr eindrucksvoll dar. Der eine ist Direktor von purpose.com und Gründer der politischen Plattform Avaaz, der andere der Kopf hinter der mächtigen philanthropischen Bewegung #GivingTuesday. In ihrem gemeinsamen Buch „Die neuen Mächte" zeigen die beiden Autoren anhand von Beispielen wie AirBnB und Uber, was genau diese Machtverschiebung bedeutet – und welche Ideen, Bewegungen und Unternehmen die vernetzte Welt dominieren werden.

In ihrer Analyse unterscheiden Heimans und Timms zunächst zwischen klassischen „Old Power"-Organisationsmodellen auf der einen Seite, die auf Hierarchie, Folgsamkeit und Weisungsbefugnis basieren. Ihnen gegenüber stehen die „New Power"-Modelle, die auf Beteiligung vieler Menschen und abgestimmte Aktivitäten Vieler auf Augenhöhe ausgerichtet sind. Die Autoren vertreten die These, dass Einstellungen und Verhalten von Menschen in der heutigen

Zeit der „hyperconnectedness", also den technologisch ermöglichten dichten Verbindungen zwischen Menschen, deutlich verändert werden und Ideen damit schnell und oft unerwartet ganze Bewegungen inspirieren.

Entscheidend für deren Ausbreitung und Wirkung ist die Antwort auf die Frage: „Was breitet sich aus?" Eine Frage, die Heimann/ Timms aus dem Prinzip der „Einprägsamkeit" und der Relevanz von Bewegungen entwickeln.

Damit sich eine Idee ausbreiten, vervielfachen und Wirkmacht entfalten kann, braucht sie vor allem drei Eigenschaften:

- Aktionspotenzial: Die Idee weckt den Wunsch, selbst aktiv zu werden, also mehr zu tun, als die Idee nur zu bewundern, sich daran zu erinnern oder zu konsumieren.
- Connections: Die Idee fördert die Vernetzung mit Personen, die einem wichtig sind oder mit denen man gemeinsame Werte teilt. Vernetzte Ideen bringen Menschen einander näher und formen sie zu einer Gemeinschaft von Gleichgesinnten.
- Erweiterbarkeit: Die Idee lässt sich leicht auf individuelle Bedürfnisse zuschneiden, verändern und gestalten.

Und es braucht natürlich die Akteure, die Ideen im „New Power"-Modus zum Erfolg bringen. "The future will be won by those who can spread their ideas better, faster and more durably", schreiben die Autoren, und sie appellieren:

"We all have an **obligation** to learn these **skills of building movements**, **spreading ideas**, figuring out how to **manage these communities**."

Schauen wir auf die von uns in diesem Buch vorgestellten Graswurzelinitiativen, so sind die von Heimans/Timms umschriebenen Erfolgsprinzipien der „New Power"-Fraktion deutlich auszumachen. Die Working-Out-Loud-Initiativen beispielsweise tragen das Aktionspotenzial bereits in ihrem Kern. Ihre Mitglieder wollen aktiv werden, sie treten auf digitalen Kanälen in die Öffentlichkeit, sie zeigen, woran sie arbeiten und beantworten Fragestellungen in ihrem Netzwerk. Auch der Vernetzungsgedanke gehört zur Working Out Loud – es beginnt mit fünf Personen, die sich zusammenfinden, um über zwölf Wochen miteinander zu lernen. Auf diesem Lernpfad wagen sich diese fünf Personen sichtbar in die digitale Welt, folgen Wissensträgern, stellen Fragen, bieten Hilfe an und tun dies alles kooperativ. Und drittens – auch das ist ein spannender Aspekt für die „neuen Mächte" – ist die Idee erweiterbar: Mit Working Out Loud lässt sich fast jedes Ziel erreichen, solange es in zwölf Wochen und mithilfe Dritter erreichbar scheint. Die Idee selbst bleibt dabei immer im Kern sichtbar. Der Hashtag #WOL ist ein einprägsames, omnipräsentes Erkennungszeichen aller derjenigen, die sich für das Lernformat begeistern.

Die Sichtbarkeit von Initiativen gerade in sozialen Netzen, also auf Plattformen, deren Inhalte von den Nutzern bestimmt und nicht von Redaktionen kuratiert werden, ermöglicht heute mehr denn je die horizontale Verbreitung von Ideen. Im Umkehrschluss gilt: Ideen werden stärker, wenn sie so gestaltet sind, dass sie leicht zwischen kleinen Gruppen von Kollegen oder Freunden weitergegeben werden können. Auf diese Weise verbreiten sie sich nicht nur, sondern verstärken sich auch: Menschen verändern offenbar häufiger ihr Verhalten, wenn ihre Community eine Idee bestätigt, und eher selten, wenn das nicht so ist, beschreiben Heimans/Tims.

Es kommt daher in dieser Phase einer Graswurzelinitiative nicht mehr alleine darauf an, dass einige wenige einflussreiche Personen die Botschaft verbreiten, sondern dass eine zunehmend breite Masse von Menschen mit ihrem jeweiligen Freundeskreis die Idee teilt. Die Suche nach Mitstreitern, nach Kollegen, die die Idee teilen und als Multiplikatoren mitgestalten, ist dementsprechend essenziell für den Erfolg einer Graswurzelinitiative; das Potenzial der Idee, Andere anzustecken und zu entflammen, entscheidend für ihre Kraft. Mit dem „3,5 %-Ziel" im Auge sind es nun genau die „Connectoren", die wir in Kapitel 3.5 kennengelernt haben, auf denen das Augenmerk liegt – Menschen mit überdurchschnittlich vielen Kontakten über alle Grenzen hinweg. Die Kraft der Vielen liegt jetzt in der Kraft der Vernetzten.

Interne soziale Netzwerk als virale Instrumente

Bei nahezu allen großen Konzernen wie auch bei vielen kleineren gibt es bereits interne soziale Netzwerke, also digitale Plattformen für Vernetzung und offene Zusammenarbeit, die Mitarbeitende ermutigen und befähigen sollen, ihr Wissen zu teilen und funktionsübergreifend gemeinsam an unternehmerischen Herausforderungen zu arbeiten. Auf solchen Plattformen kann je nach Zuschnitt durch die Entscheidungsträger mit mehr oder weniger Freiraum im Prinzip jeder Mitarbeitende des Unternehmens mit jedem kommunizieren, kollaborieren, eine offene oder geschlossene Gruppe gründen, ein neues Thema einbringen und – mit einer schlüssigen, überzeugenden Story Mitstreiter für eine Graswurzelinitiative gewinnen. Solche Plattformen stellen eine Grundvoraussetzung dar, wenn man eine Change-Initiative ausreichend schnell auf breitere Füße stellen will.

Trotz kontinuierlicher Ermutigung, solche Plattformen zu nutzen, wagen Mitarbeitende es eher zaghaft, ihre Meinung kundzutun, schon allein deswegen, weil man ja offenkundig viel Zeit haben müsse, wenn man sich hier engagiere – so häufig die Sicht der Führungskraft, die in alter Tradition über die Erfüllung der Dienstverpflichtung des Mitarbeitenden wacht. Wenn sie es aber doch tun, und dann noch ihren Mut zusammennehmen, um noch einen Schritt weiter zu gehen, nämlich indem sie den Regelkreis der dort bisweilen üblichen Top-down-Kommunikation brechen und mit offenem Visier ihre Sicht darstellen, hat ihre Botschaft gute Chancen, die Richtigen zu erreichen: Jene, die ähnliche Erfahrungen und Wahrnehmungen haben, jene, die sich durch den Impuls aus der Mitte ermutigt fühlen, weil sie sehen, dass sie mit ihren kritischen Perspektiven nicht allein sind, und jene, die berechtigterweise hoffen, dass gemeinsam und in einer gewissen Gruppenstärke mehr möglich ist als alleine. Haben das die Kollegen nicht schon immer getan, in der Kaffeeküche, auf dem Gang, in der Zigarettenpause? Ja, aber diese analogen Plattformen in der physischen Welt hatten eine sehr geringe Sichtbarkeit. Soziale Netzwerke verstärken nun die Sichtbarkeit und erhöhen die Dynamik der Veränderung in nicht geahntem Ausmaß. Die Akteure erreichen nicht mehr eine Handvoll Kollegen in der Kantine, sie erreichen Hundert, oft Tausende mit einer Botschaft.

Führungskräfte als Graswurzelinitiative-Aktivisten?

Wenn Botschaft und Bedarf stimmen, ist Verbreitung ab diesem Punkt fast ein Kinderspiel. Oder? Die Grenze, an die alle Initiativen ab einem Punkt stoßen, ist unsichtbar. „Es wäre natürlich großartig, Menschen aus allen Ebenen, auch die Entscheider, zur Mitgestaltung zu gewinnen", gesteht eine der Graswurzel-Initiatorinnen. Aber im Rahmen unserer Transformationsprojekte beobachten wir, dass es vielfach besonders Führungskräften schwerfällt, den unternehmerischen und persönlichen Nutzen auch der eigenen sozialen Vernetzung ausreichend wahrzunehmen, sei es aus Zeitmangel oder aus Sorge, etwas falsches zu posten und sich damit sicht- und angreifbar zu machen. Die Kehrseite der Medaille: Wer im virtuellen Diskurs nicht präsent ist, ist im Regelfall weniger informiert – über Wohl, Weh, aktuelle Atmosphäre und die Aktivitäten der Mitarbeiterschaft. Und Unkenntnis kann zu Ablehnung oder auch dem Gefühl von Kontrollverlust führen.

Die Wirkung: Die Initiative erreicht unter Umständen größere Zahlen von Mitstreitern, aber die wenigsten von ihnen verfügen über formale Macht. Das breite Netzwerk, das in dieser Zeit entstehen kann, erfüllt aber dennoch eine wichtige Funktion. Es entsteht eine breite Gemeinschaft von Menschen, die sich unterstützen, sich bestätigen – und durch den kritischen Diskurs die Bewegung weiterbringen.

Die Mitstreiter: Konstruktive Kritiker

Es passiert jedem Mitarbeitenden im Laufe seiner Unternehmenszugehörigkeit: Eine kritische Entscheidung rund um seine Weiterentwicklung, ein Konflikt im Team, schwierige Kommunikationsprobleme mit der Führungskraft oder eine strategische Wendung des Unternehmens, unter der die Identifikation mit dem Unternehmen leidet: Irgendwann wird die Liebe und Leidenschaft für Tätigkeit und Unternehmen auf die Probe gestellt, manchmal wiederholt, und dem Mitarbeitenden obliegt es im Rahmen seiner individuellen Frustrationstoleranz, mit derlei Rahmenbedingungen umzugehen. Je jünger die Mitarbeitenden, desto weniger nehmen sie erfahrungsgemäß solcherlei aus eigenem Erleben ungute Entwicklung hin und begehren offen dagegen auf. Viele verlassen zügig das Unternehmen. Ältere Mitarbeitende hingegen sind womöglich bis zu einem gewissen Grad an frustrierende Wendungen gewöhnt; man erzählt sich im Kollegenkreis, was andere erleben und gleicht sich ab mit diesen. Nicht selten entwickelt sich der Wunsch, Einfluss auf die Rahmenbedingungen zu nehmen, einzugreifen, etwas zu bewegen.

Spinner, Phantasten, Utopisten, Saboteure?

Die meisten Graswurzelinitiative-Mitstreiter, die wir im Rahmen unserer Untersuchungen getroffen haben, nehmen wir als verantwortungsvolle Kollegen wahr, die vielfach ihr Unternehmen lieben und schätzen, stolz auf das Erreichte sind und nicht selten von früheren und vermeintlich besseren Zeiten sprechen. Sie zeichnen sich vielfach durch ein hohes Verständnis für die Zeichen und Notwendigkeiten unserer Zeit aus und wollen sich nicht mit dem Status Quo zufriedengeben. Irgendwann erwächst das Gefühl, die Dinge selbst in die Hand nehmen zu wollen, weil man das Zutrauen in die Entscheider verloren hat. Im Falle der BMW Group, bei Texas Instruments, AUDI und auch Siemens kommt eine handfeste Sorge um den Erfolg und Fortbestand des Unternehmens hinzu.

Bemerkenswerterweise sind es gerade die traditionellen Unternehmen mit einer langen und packenden Gründungsgeschichte, die sich über solche im Sinne des Unternehmens engagierten Mitarbeitenden freuen dürfen. Vielleicht, weil die Gründergeschichten und der Gründergeist durch die Generationen von Mitarbeitenden, oft auch innerhalb von Familien, in denen mehrere Generationen im gleichen Unternehmen gearbeitet haben, wachgehalten werden und es damit ein ganz handfestes „Früher war alles besser" gibt. Ganz egal, ob berechtigt oder nicht.

Auf den ersten Blick sorgen diese Mitarbeitenden mit ihrer Initiative häufig für Irritation und Diskussionen, schließlich entziehen sie der Organisation zunächst wertvolle Ressourcen, die gerade in Krisenzeiten an anderer Stelle benötigt werden würden. Und weil das so ist, achten Graswurzel-Akteure penibel darauf, sich in dieser Hinsicht nicht angreifbar zu machen. „Mein wichtigstes Kapital", sagt Ilona Libal, Graswurzelakteurin in der Working-Out-Loud-Initiative bei der BMW Group, „ist die Tatsache, dass ich in meinen Projekten 120 Prozent gebe, fachlich und inhaltlich messbar erfolgreich und somit nicht angreifbar bin".

Das Netzwerk der Mitstreiter, die Multiplikatoren, werden allein das Steuer nicht herumreißen, zumindest nicht, wenn es darum geht, in einem großen Unternehmen mit vielen Standorten Wirksamkeit zu erzeugen.

Soziale Vernetzung
leistet dabei den einen
erfolgsentscheidenden
Teil; den anderen leisten ab einem gewissen Zeitpunkt **einflussreiche Sponsoren, Mentoren** und **Unterstützer aus dem Unternehmen**.

Sie braucht es, um die Botschaften der Initiative dort zu verankern, wo die Entscheider die Impulse in Unternehmensprogramme umsetzen, legalisieren und damit noch wirksamer machen.

Doch wie kann die Graswurzelinitiative Wirkung entfalten, wenn die Akteure im Rahmen der „brauchbaren Illegalität" im Zweifelsfall eher Irritation, Besorgnis und den Eindruck unkontrollierbarer Rebellion auf den Plan rufen?

3.7 Sponsoren und Mentoren: Die Schutzengel der Initiative

Eines Tages gegen Ende des Jahres 2017 entspinnt sich im Büro von Manfred Schoch ein ungewöhnlicher Dialog. Schoch, der mächtige Gesamtbetriebsratsvorsitzende der BMW AG, hat die Initiatoren der hausinternen Working-Out-Loud-Bewegung zu sich eingeladen. Die Initiative, bis dato praktisch unter dem Radar unterwegs, hatte sich erst kurz zuvor aus der Deckung gewagt: Im BMW Firmennetz „Plaza" hatten die Akteure bei den Unternehmenslenkern um Unterstützung für ihre Initiative geworben, um aus der informalen Unsicherheit herauszutreten. Schoch, seines Zeichens Vorsitzender des Betriebsrates am Standort München sowie des Gesamt- und Eurobetriebsrates und stellvertretender Vorsitzender des Aufsichtsrates der BMW AG, war seinerseits durch einen jungen, engagierten Mitarbeitenden, selbst Betriebsrat und Working-Out-Loud-Enthusiast, auf die Initiative aufmerksam geworden. Und es spricht für den Vielbeschäftigten, dass er sich für das Anliegen Zeit nimmt und es verstehen möchte. So sitzen eine Handvoll WOL-Initiatoren zum vereinbarten Termin geschlossen vor ihm und erklären, wofür WOL steht und welche Potenziale aus ihrer Perspektive hier für den Automobilkonzern und seine Mitarbeitenden schlummern.

Für einen mächtigen Konzernlenker wie Schoch geht es um die eine Frage: „Warum sollte sich unser Unternehmen bei diesem Thema engagieren?" Er hat allerdings längst erkannt, dass die Idee, Mitarbeitenden den Raum für Vernetzung und selbstorganisiertes Lernen über Silogrenzen hinweg zu geben, ein gigantisches Potenzial für ein Unternehmen wie die BMW Group birgt. Und so wird er es dann auch den 500 Mitarbeitenden, die sich zum Working-Out-Loud-Workshop angemeldet haben, vermitteln: Wir müssen raus aus dem Silo, so funktioniert zeitgemäße Organisation. Für die WOL-Initiative, die ohne Auftrag und aus der Mitte des Unternehmens entstanden war, ist das ein wichtiges Signal, hat sie doch durchaus den Widerstand einiger Führungskräfte zu spüren bekommen, die der Kontrollverlust, den soziales, selbst gesteuertes Lernen mit sich bringt, mit Besorgnis erfüllt.

Und die WOL-Aktiven bei der BMW Group sind in einer besonders komfortablen Situation: Zum wichtigen Fürsprecher von Arbeitnehmerseite gesellt sich als weiterer Förderer der Initiative Peter Schwarzenbauer, bis 2019 Vorstand für MINI, Rolls-Royce, BMW Motorrad und Aftersales bei der BMW AG. Schwarzenbauer, der sich schon bei seinem vorhergehenden Arbeitgeber, der Audi AG, einen Ruf als kultureller Vordenker erworben hat, ist schnell vom Nutzen der Vernetzung der Mitarbeitenden überzeugt. Mit dem Vorstand und dem obersten Betriebsrat unterstützen nun zwei einflussreiche Top-Manager die aus der Mitte heraus entstandene Initiative mit Fürsprache und Freiraum: Seite an Seite ermöglichen sie eine Serie von Großgruppen-Workshops, auf denen das Lernprogramm und die Arbeitshaltung von Working Out Loud erlebbar gemacht wird. Mehrmals bietet diese Veranstaltungsserie rund 500 Mitarbeitenden – so viele fasst das größte Plenum des Hauses – die Möglichkeit, mit dem Programm vertraut zu werden und loszulegen. Beide Top-Manager lassen sich auf den Großgruppen-Workshop persönlich sehen, sprechen zu den Mitarbeitenden und ermutigen sie: „Erst ignorieren sie dich, dann lachen sie über dich, dann bekämpfen sie dich, und dann gewinnst du", ruft Vorstand Schwarzenbauer den Teilnehmern zu.

Das Bemerkenswerte an Schwarzenbauer: Ihm gelingt es, sowohl gegenüber seinen Managementkollegen als auch den Mitarbeitenden glaubwürdig zu wirken und zu agieren. Seine Ermutigung wird demnach ohne den kleinsten Zweifel als solche empfunden. Solchermaßen gestärkt, beschließen die WOL-Akteure, ihre Aktivitäten auszuweiten. Und schließlich wird Working Out Loud, das Lernprogramm, in den Kanon der anerkannten Problemlösungs-Methoden bei BMW aufgenommen und geht so in den Regelbetrieb über. Sind nun Geschichten wie diese die Regel oder die Ausnahme? Wie hoch sind die Chancen, dass Sponsoren, ausgestattet mit ausreichend Positionsmacht, einer Initiative, die schon auf breiteren Füßen steht, zum Durchbruch verhelfen?

Lokale Rationalitäten 1: Wer wird im Unternehmen Entscheider?

Dass die Chancen, eine Führungskraft als Unterstützer zu gewinnen, nicht allzu hoch sind, liegt unter anderem an den sogenannten lokalen Rationalitäten, denen Unternehmensfunktionen unterworfen sind. Lokale Rationalitäten bilden sich in Organisationen immer heraus, sobald es zu funktionalen Teilungen kommt. Dass Organisationen immer dem übergeordneten Zweck folgen, ist eine sinnvolle Annahme, von der die Realität aber oft weit entfernt ist. Das Zusammenwirken aller Organisationseinheiten wird zwar vom Top-Management immer wieder beschworen, in der Realität haben aber Organisationseinheiten eigene Rationalitäten, denen sie folgen und mit denen sie glauben, dem Organisationszweck zu dienen – auch wenn diese lokalen Rationalitäten konfliktär zu anderen Organisationseinheiten sind. Gerade an dieser Stelle stellt sich die Frage, warum Führungskräfte oft bewusst in diese Konflikte hineinnavigieren. Wir wissen sehr wohl, dass diese lokalen Rationalitäten bis zu einem gewissen Grad sogar Voraussetzung sind, um Organisationen in einer komplexen Welt zu führen, wir meinen aber, dass es Aufgabe der Führung ist, die verschiedenen Gruppen einer Organisation trotz dieser unvermeidlichen lokalen Rationalitäten zu einem gemeinsamen Vorgehen zu bringen. Was also zeichnet heute eine gute Führungskraft aus, die dieses „laterale Führen" beherrscht?

Über die Frage, wer in welcher Funktion und Umgebung über die richtigen Kompetenzen verfügt, um eine Organisationseinheit zu führen, zerbrechen sich Recruiting-Verantwortliche seit jeher die Köpfe. Mit immer neuen Diagnoseinstrumenten versuchen sie, zuverlässigere Indikatoren für die richtige Passung einer (potenziellen) Führungspersönlichkeit zu finden.

Zudem wird jede Organisation von starken kulturellen Mustern geprägt. Wie Eisenspäne auf einer Magnetplatte ziehen ihre Akteure naturgemäß Andere an, die ganz ähnlich ausgerichtet sind wie sie selbst. „Heute ist es leider immer noch so, dass viele Karrieren beim Pinkeln gemacht werden", sagt Thomas Sattelberger, ehemaliger Personalvorstand der Telekom AG, „das heißt: Über das Vorankommen im Unternehmen entscheidet nach wie vor das Zusammentreffen realer Menschen in einem realen Raum, und zwar auf unkontrollierte, intransparente und homosozial männlich reproduzierte Weise". In Organisationen reproduziert sich so der erfolgreiche Führungstyp im Regelfall selbst, bzw. jener Führungstyp, der als erfolgreich angesehen wird (weil die, die ihn bewerten, Zwillinge im Geiste sind).

143

Diese **Homogenisierung im Denken und Recruiting** führt tendenziell zu einer **Blindheit der Organisation** für abweichende Perspektiven, Problemlösungsstrategien und Ansätze.

Das Erbe der Restrukturierung

Dieser Eindruck bestätigt sich, wenn man sich in Führungsetagen umschaut. Die jüngste Generation von Entscheidern wurde in der harschen Restrukturierungsphase der 1990er- bis 2000er-Jahre ausgewählt und entwickelt und die Merkmale dessen, was in traditionellen Organisationen unter erfolgreicher Führung verstanden wird, sind erschreckend monochrom: Durchsetzungsvermögen, Resilienz, überzeugendes Auftreten: Die Attribute sind hinreichend bekannt. Die traditionelle und damit meist hierarchische Organisation benötigt Kommando- und Kontrollstrukturen, um reibungslos Entscheidungen zu treffen und umzusetzen. Hierzu braucht es einerseits Menschen, die in der Lage sind, Kommandos zu erteilen und zu kontrollieren; und zum anderen Menschen, die in der Lage und bereit sind, diese Kommandos mehr oder weniger unhinterfragt umzusetzen und ihre Umsetzung kontrollieren zu lassen.

Eine hierarchische Unternehmensordnung oder auch das hierarchische Kommunikationssystem geht davon aus, dass an der Spitze der Pyramide die strategische Richtung des Unternehmens definiert wird. Diese strategische Ausrichtung wird in ein konsequentes und konsistentes System von Maßnahmen umgebrochen, um dann die Aufgaben – auch in Form individueller Ziele – funktional zuzuweisen. In diesem wasserfallartigen Konstrukt ist für Initiativen und Aktivitäten, die zumindest auf den ersten Blick keinem der an der Spitze der Pyramide definierten Ziele dienen, kein Platz.

Ein derart hierarchisches System wird durch das Aufkommen einer Graswurzelinitiative einem echten Stresstest unterzogen. Kostenbewusste Entscheider fürchten um ihre Etats und Ressourcen; kontrollbewusste Entscheider sorgen sich um den naturgemäß ungewissen Ausgang eines Projektes, dessen Dynamik und Richtung sich ihren Steuerungsmöglichkeiten entziehen. Alle gemeinsam sorgen sich um die Frage, wie verhindert werden kann, dass diese wild wuchernde Struktur in eine unkontrollierbare Revolution ausartet. „Wir haben mit Working Out Loud plötzlich spürbar so viele Menschen über Abteilungsgrenzen hinaus vernetzt, und als sie sichtbar und auch wirksam Menschen um sich geschart haben, war die Gegenreaktion deutlich spürbar – gerade die interne Kommunikation versuchte immer öfter, kontroverse Diskussionen zu stoppen – aber der Geist war aus der Flasche", erzählt eine Vertreterin der WOL-Initiative.

Ängste, Machtproben und Konflikte sind die logische Folge: Hier die selbstbewussten Mitarbeitenden mit ihrem Anspruch, „ihr" Unternehmen mitzugestalten, die in der Regel sehr schnell eine direkte Linie ihrer Aktivitäten zur Unternehmensstrategie bzw. zur Gesamt-Mission herzustellen wissen. Dort stehen Entscheider, die sich mit einer Form von Wildwuchs konfrontiert sehen, der ihrer Logik widerspricht, selbst wenn sie die positive Energie ihrer Mitarbeitenden möglicherweise schätzen. Aber was da entsteht, kostet sie Zeit, Geld und Macht, es ist in keinem Performance-Measurement-System abbildbar und gegenüber dem Vorstand nach konventionellen Maßstäben nicht zu rechtfertigen.

Mit anderen Worten: Die lokale Rationalität einer Führungskraft erlaubt es ihr eigentlich nicht, einem unkontrollierbaren Ressourcenverbrauch aka Graswurzelinitiative Raum zu gewähren. Viele traditionelle Führungskräfte sehen es auch als ihre Aufgabe an, vor allem in ihrer Einheit Ideen für die Optimierung und den Erfolg des Geschäftsbetriebes zu entwickeln, zu delegieren und für deren Umsetzung zu sorgen. Eine Graswurzelinitiative bricht diese gelebte Praxis gleich in mehrerlei Hinsicht.

Der Sponsor sichert das Überleben

Das Finden eines Förderers wird zu einer wichtigen strategischen Aufgabe für die Akteure, denn unserer Beobachtung nach hat kaum eine Initiative aus der Mitte des Unternehmens eine Chance zu überleben, wenn nicht ein Sponsor, ein Entscheider, der hinter den Graswurzelakteuren steht, den Freiraum gewährt, die Aktivitäten verteidigt und die Initiativen mit Ressourcen und Sichtbarkeit unterstützt.

Ab einem gewissen Zeitpunkt braucht jede Graswurzelinitiative Licht von oben.

Sie braucht ihren Schoch oder Schwarzenbauer – oder oft genug erst eine Führungskraft, die der Graswurzel Zeit lässt, um überhaupt bis dahin zu gedeihen.

Dennis Böcker ist so eine Führungskraft. Es ist das Jahr 2017, und Böcker übernimmt als Führungskraft von Katharina Krentz, die die uns schon bekannte Working-Out-Loud-Initiative innerhalb von Bosch vorantreibt. Sein Vorgänger hat die zarte Pflanze WOL bei Krentz gedeihen lassen und hat Böcker absichtlich das Heft in die Hand gelegt. Ein Andocken des Themas an die Human-Ressources-Abteilung würde vielleicht infrage kommen, das Thema würde aber, so ist man sich einig, mangels Schnittstellen in der Organisation damit sofort an Schwung verlieren. Böcker ist für das Thema Innovation in der Organisation bekannt und verantwortlich für den Aufbau der Connectories, jenen Innovationszentren, in denen Bosch mit Partnern zusammen lernen und innovieren will – und er steht damit indirekt auch für das Thema Vernetzung. Mit diesem eigenen Innovationsthema im Hinterkopf verspricht Böcker, seine schützende Hand über der jungen Graswurzelbewegung zu halten, sodass Krentz so frei wie möglich weiter agieren kann. Was denken

146

damals seine Manager-Kollegen? „Wir hatten einige Skeptiker im Führungsteam. Immer wieder kam die Frage nach der Wirksamkeit des Programms auf. Stille Duldung war das mindeste, was von einigen Kollegen zu erwarten war", berichtet Böcker. Er aber glaubt an das Programm, durchläuft selber einen WOL-Circle und sichert Krentz so weit wie möglich ab.

Schwierig ist dies insbesondere, weil die Sichtbarkeit des Themas nach Innen und nach Außen extrem groß war. Krentz ist deutlich präsent in digitalen Medien für Working Out Loud und ruft damit die Fragen von Zweiflern auf den Plan. „Brauchen wir das eigentlich?", lautet die Frage so mancher Entscheider. Die Prominenz des Themas sorgt somit auch für Neid. Böcker kann als Führungskraft glücklicherweise auf Indikatoren verweisen, die vor allem eines zeigen: Maximale Wirkung bei einem minimalen Ressourcen-Einsatz. Die Welle, die durch Bosch rollt, kommt ohne große Budget, Infrastruktur, Trainer und Berater aus. „Working Out Loud ist eine außergewöhnliche Graswurzelinitiative", sagt Böcker, „viele andere Initiativen sterben schon früher oder werden schnell in der Formalorganisation assimiliert".

Führungskräfte, so lehrt uns auch dieser Fall, müssen den Grad genau erkennen, in dem die Provokation der Graswurzelinitiative der Organisation gut tut, aber nicht so weit geht, dass die Abwehrkräfte der Organisation die Initiative im Keim ersticken. Im Fall von WOL kommen die Gegenreaktionen rasch, wenn die Führungskraft hinterfragt, was der Mitarbeitende da eigentlich in dieser einen Stunde pro Woche tut, und warum selbstorganisiertes Lernen eigentlich erlaubt sein soll, wo doch sonst traditionell die Führungskraft entscheidet, wer genau was lernen sollte.

Für viele Graswurzelinitiativen, die wir beobachtet haben, ist daher die Sponsoren-Frage dauerhaft präsent. Den Vorstandsvorsitzenden gewinnen, also denjenigen mit der größten Fülle an formaler Macht? Oder lieber den innovativen Bereichsvorstand, der auch die Start-up-Partnerschaften erfolgreich vorantreibt und „digital" tickt?

Aus der Überlegung heraus, dass an der Spitze der Hierarchie im klassischen Unternehmen die Machtposition maximal ist, um eine schützende Hand über die Graswurzelinitiative zu halten, versuchen viele Initiativen, sich eben an dieser Formalstruktur zu orientieren.

Wir konnten aber in der Realität zwei Dinge beobachten: Einerseits ist die erkennbare Relevanz der Initiative zu weit weg vom Horizont eines Vorstandsvorsitzenden und in der jeweiligen Situation oft gar nicht daran zu denken, die „Glasdecke" zu durchbrechen – die Bemühungen laufen ins Leere, Frustration ist die Folge. Allenfalls gibt es wohlwollende Worte von Geschäftsführung oder Vorstand direkt an die Akteure, unter wenigen Augen und Ohren, aber keine für alle Mitarbeitenden sichtbaren Aktivitäten. Auf der anderen Seite beobachten wir aber auch Akteure, die ihre Sponsoren so auswählen, wie sie ihre Mitstreiter bei der Graswurzelinitiative aussuchen. Sie achten weniger auf formale Macht als auf den informalen Status. Wer genießt hohes Ansehen in der Organisation? Wer hat ein großes Netzwerk, ist Mitglied in formalen und informalen Zirkeln? Wer ist bereits sichtbar für bestimmte Themen und trägt Verantwortung für formale Projekte mit ähnlichen Zielen?

In Unternehmen mit internen sozialen Netzwerken ist zudem deutlicher erkennbar, wer Themen setzen kann, Diskussionen anführt, Follower um sich schart. In dieser Situation wählen die Akteure die optimale Person nach Vernetzungsgrad UND hierarchischer Position aus – und wie bei der „#gerneperDu"-Initiative bei Daimler hat dann ein informeller Schirmherr wie der Betriebsratsvorsitzende, der den Hashtag in seine E-Mail-Signatur aufnimmt, die richtige Wirkung.

Im Idealfall, und darüber wollen wir im folgenden Teil sprechen, erzielt die Initiative eine solche Sog-Kraft in der Organisation, dass es für mögliche Sponsoren attraktiv ist, sich aktiv an die Spitze der Bewegung zu stellen und sich in gewisser Weise auch damit zu schmücken.

Lokale Rationalitäten 2: Wer wird Förderer eine Graswurzelinitiative?

Es ist bemerkenswert, wie vielen Graswurzelakteuren es gelingt, Führungskräfte als Unterstützer zu gewinnen: Bei BMW waren es, wie oben beschrieben, gleich zwei hochrangige Förderer, die sich bereit erklärten, mit ihrem klaren Bekenntnis weithin sichtbar im

Unternehmen für den Aufbruch in eine neue Kultur zu vermitteln. Ausgesprochen prominent sorgte Ariane Reinhardt als neues Vorstandsmitglied für Personal der Continental AG für Licht von oben für den internen Querdenker Harald Schirmer, indem sie gemeinsam mit ihm sogar in öffentlichen Interviews auf Augenhöhe Rede und Antwort stand.

Gemeinsam ist den Förderern die **Einsicht**, dass es die **wertvolle Energie** im Sinne des Unternehmenszwecks zu **nutzen** gilt – mitunter natürlich aber auch im eigenen Sinne, wenn es darum geht, **als Gestalter und Innovator Gesicht zu zeigen**.

In einigen Situationen entschließt sich ein Top-Manager für alle überraschend, eine Graswurzelinitiative zu unterstützen – so, wie Dr. Jochen Köckler als neuer Vorstandsvorsitzender der Deutschen Messe AG.

Die „Denkbar" auf dem Hannoveraner Messegelände ist ein moderner Meetingraum zeitgemäßen Zuschnitts. Es gibt Sofas und Hocker für die Teilnehmer, eine Bar und im Raum verteilt lässige Lounge-Sofas: Genau der richtige Ort für eine Graswurzelinitiative wie Working Out Loud, denn auch hier, bei der „Messe" wurde das Thema von Enthusiasten aus der Mitte als wertvoll für die Organisation identifiziert und letzten Endes auch etabliert.

Dabei waren die Erfolgsaussichten einer Bewegung aus der Mitte eher verhalten. Zu oft sind Mitarbeiterinitiativen nach einer ersten Anerkennung einfach tonlos eingegangen. Tanja Müller ist dies bewusst, sie ist seit vielen Jahren dabei. Aber als Mitarbeitende im neu geschaffenen Digital Office der Deutschen Messe AG sieht sie jetzt die Chance, ein Thema wie Working Out Loud auf den Weg zu bringen. Was ihr hilft, ist ihre deutliche Sichtbarkeit. Die digitalen Vorreiter etablieren ein regelmäßiges offenes Inspirations- und Lernformat im Unternehmen, das Digital Breakfast. Innerhalb kürzester Zeit erfreut es sich so großer Beliebtheit, sodass die 100 Plätze innerhalb von Minuten ausgebucht sind, nachdem die Ankündigung im Intranet online geht. Tanja Müller moderiert regelmäßig die Veranstaltung, und sie ist so überzeugt von der Macht des Lern- und Vernetzungsprogramms WOL, dass sie das Thema auf die Tagesordnung setzt – mit durchschlagendem Erfolg. Immer mehr Mitarbeitende schließen sich dem Lernprogramm an. Das Programm wird schnell sichtbar – mangels sozialem Intranet zwar nicht auf einer internen Plattform, dafür umso deutlicher auf der öffentlichen Plattform LinkedIn. Und um das Thema deutlich nach innen sichtbar zu machen, entstehen WOL-Postkarten, T-Shirts und Flyer.

In einem Jour Fixe ihres Bereichs mit dem Vorstandsvorsitzenden Dr. Köckler sieht Müller Anfang 2019 ihre Chance. Sie stellt ihm die Working-Out-Loud-Initiative vor. Köckler erkennt, dass sich in seinem Unternehmen etwas bewegt, was mit Umstrukturierung, Neuorganisation und Personalwechsel bisher nicht zu schaffen war: Menschen vernetzen sich über die Silogrenzen der Abteilung hinaus, es entstehen neue Verbindungen im Unternehmen. Im Gespräch gibt sich Köckler überzeugt: „Wirksame Veränderungen müssen sich immer aus der Mitte heraus durchsetzen." Und so fällt er eine wichtige Entscheidung: Er will das Programm nicht nur kennenlernen, er will sogar mitmachen. Zwölf Wochen, eine Stunde pro Woche, fünf Teilnehmer aus verschiedensten Alters- und Hierarchiestufen, und der Vorstandsvorsitzende einer von ihnen? Köckler will ein Zeichen setzen, und die #WOL-Initiative kommt ihm gerade recht, um auch gegenüber den Führungskräften des Hauses eine Vorbildrolle einzunehmen.

„Es reicht nicht, die Krawatten abzulegen und kleinere Autos zu fahren, wir müssen zeigen, dass wir **neugierig** sind", appelliert Köckler an seine Kollegen und setzt ein **sichtbares Zeichen**.

Es ging mit einer gehörigen Portion Aufregung einher, als die Information die Runde machte, Dr. Jochen Köckler wolle sich selbst ein Bild von dieser augenscheinlich kulturverändernden Maßnahme machen und würde an einem der nächsten WOL-Termine, den sogenannten WOL-Touchpoints, teilnehmen.

Ein solcher Touchpoint startet mit einem sogenannten Check-in, dann geht es in den interaktiven Workshop, bei dem die Teilnehmer bereits von Beginn in Fünfergruppen zusammenarbeiten und zum Ende des Workshops entscheiden, ob sie für die kommenden zwölf Wochen der gemeinsamen Lernreise zusammenbleiben und die Übungen aus dem Lernprogramm absolvieren wollen. Köckler ließ offenkundig all dies auf sich wirken, um zum Abschluss einen für einen Vorstand dieses Hauses ungewöhnlichen Schritt zu gehen: Er entschied sich, in der Gruppe zu bleiben, in die er per Zufallsprinzip geraten war, und das Programm gemeinsam mit einem Auszubildenden des Unternehmens sowie mit Fachkräften aus ganz unterschiedlichen Funktionen zu durchlaufen.

War es im Vorfeld klar, dass der Entscheider sich auf diese Weise mit höchster Sichtbarkeit als Rollenvorbild zu diesem Thema bekennen würde? Sicher nicht. Hier muss die richtige Persönlichkeit auf das richtige Thema zur richtigen Zeit treffen. Aus unserer Sicht kommen in diesem Beispiel eine Reihe fördernder Umstände zusammen:

- Ein neuer Vorstandsvorsitzender, der bewusst neue Akzente setzen will.
- Eine traditionelle Organisation, die nur schwer aus einer eher alten auf Hierarchie und Abteilungsgrenzen beruhenden starren Struktur herausfindet.
- Zahlreiche Mitarbeitende, die nach Partizipation und Veränderung im Unternehmen streben.
- Ein sich rasant veränderndes Unternehmensumfeld, in dem ehemalige Flagschiff-Produkte wie z. B. die CeBIT plötzlich verschwinden.
- Mit Working Out Loud eine Initiative aus der Mitte, die Menschen motiviert, sich über ihren eigenen Schreibtisch hinaus zu vernetzen, gemeinsam zu lernen und Experimente zu wagen.

Das Engagement für die WOL-Initiative sieht Köckler positiv: „Unser Ziel ist es, Menschen miteinander zu vernetzen. Das liegt in unserer DNA als Messegesellschaft. WOL hat Menschen miteinander in Berührung gebracht, die vorher nichts voneinander wussten." Und er ergänzt: „Wenn wir die Eigenschaften und Fähigkeiten aller sichtbar und nutzbar machen, entsteht das Klima für Innovation."

Brauchte die Initiative, um erfolgreich zu sein, den Vorstandsvorsitzenden? Oder könnte es auch sein, dass der Vorstandsvorsitzende in der bereits erfolgreichen Initiative die Gelegenheit erkannte, die richtigen Akzente durch seine Schirmherrschaft zu setzen?

Richtig ist sicher, dass eine Initiative, die ein profundes Anliegen in der Organisation aufnimmt, ausreichend Sogkraft im Sinne von „New Power" entwickelt und gar noch auf die strategischen Ziele des Unternehmens einzahlt, eine ausgesprochene Attraktivität auf Führungskräfte ausübt. Diese erkennen die Kraft, die die Unterstützung der Graswurzelbewegung auch für die eigene Position hat – gerade wenn vielleicht sogar diese Position neu verhandelt wird.

152

Was haben Graswurzel-Akteure von einem Sponsor zu erwarten

Ein Sponsor ist wie in jedem anderen Sponsoring-Umfeld eine sichtbare, glaubwürdige Person, die die Botschaft inhaltlich gut vertreten kann. Im einfachsten Fall verteidigt er oder sie die Aktivitäten gegenüber anderen Entscheidern – und bekennt sich damit zur Validität und dem Nutzen dieser Aktivitäten. Im noch idealeren Fall schafft der Förderer auch physisch Freiraum: Das ist im Regelfall mit der Gewährung eines Budgets verbunden, sodass die Akteure mit entsprechenden Maßnahmen weitere Mitstreiter gewinnen und die Initiative bekannt machen können. Im Idealfall wächst bei Entscheidern die Einsicht einer so hohen Wichtigkeit für die strategische oder kulturelle Entwicklung des Unternehmens, dass ein teilweiser oder temporärer Verantwortungsbereich geschaffen wird: Dann können Akteure das Thema mit einem explizit zugewiesenen Anteil ihrer Arbeitszeit vorantreiben, gegebenenfalls werden die Ziele sogar zum Teil der persönlichen Zielvereinbarung.

Nicht immer gestaltet sich die Suche nach einem Sponsor einfach, und nicht selten wird die Erwartung von Schutz und dem Ausräumen von Hindernissen hin zum großen „Durchmarsch" enttäuscht. So ist die Reaktion des Siemens CEO auf die Portraitsammlung der Grains, Weihnachten 2017 überreicht, gelinde gesagt verhalten: So soll er mit dem Anspruch „Grains, empowered by purpose" gewonnen werden, also mit der Botschaft: Wir geben uns selbst Macht im Sinne der Werte unseres Unternehmens, deren zentralster zu jener Zeit die Eigentümerkultur ist – jeder Mitarbeitende möge so agieren, als wäre er Unternehmer, als wäre es sein Unternehmen. Die Replik des CEO enthält neben dem Dank lediglich die Einladung, sehr gern produktiv messbar die Transformation des Konzerns mitzugestalten. Ein absolut faires Anliegen des Konzernlenkers, könnte man sagen. Für die Akteure der Graswurzel ist diese Rückmeldung eher ein ernüchterndes Zeichen aus der Unternehmensleitung. Während es die Kollegen der Deutschen Messe AG schafften, ihren Vorstandsvorsitzenden als sichtbaren Sponsor zu gewinnen, war dies den Mitgliedern der Grains bei Siemens nicht vergönnt. Zu groß vermutlich der Abstand, zu wenig konkrete Projektionsfläche für einen CEO. Die Auswahl des Sponsors, so unsere Beobachtung, braucht Sorgfalt und Fingerspitzengefühl. Maximale

Positionsmacht in der Hierarchie ist nicht immer das hilfreichste Selektionskriterium.

Wie finden Graswurzel-Akteure den richtigen Sponsor?

Wir haben von den Akteuren der hier vorgestellten Graswurzel-initiativen gelernt, nicht zu früh aus der Deckung zu kommen. Die Saat muss erst aufgehen, die Bewegung soll quasi schon verwurzelt sein, aber um weiter zu wachsen, braucht sie vielleicht Licht von oben. Wann dieser Zeitpunkt gekommen ist, ist sehr unterschiedlich. Für die kritischen Ingenieure der „Zukunftsschwärmer" bei Bosch ist diese Frage sicher anders zu beantworten als für die „gerneperDu"-Initiative bei Daimler. Dort, wo drängende, kritische Fragen an die Führung des Unternehmens gestellt werden, kann eine deutliche Distanz zur Führungsebene eher wichtig sein, ein Sponsor eher nach anderen Wirksamkeitskriterien denn nach Hierarchie gewählt werden. Für die „gerneperDu"-Initiative wiederum erscheint es hilfreich, die breite Kommunikationsbasis der Bewegung zu nutzen und möglichst viele der Führungskräfte als Leuchtturm zu gewinnen.

So unterschiedlich wie die Motivationen von Entscheidern, sich zu einer Graswurzelinitiative zu bekennen, so ähnlich sind doch die Voraussetzungen, die Initiativen schaffen müssen, um Fürsprecher für sich zu gewinnen:

- Für ein positives Image sorgen: Offensichtliche Rebellion, die als Frustration oder auch Destruktion interpretiert werden kann, gilt es zu vermeiden – auch und vor allem rund um den öffentlichen Diskurs der Aktivitäten.
- Eine überzeugende Argumentation entwickeln, die der Graswurzelinitiative ihren Rebellencharakter nimmt und deutlich macht, dass sie im Sinne des Unternehmens – und nicht gegen es – agiert. Das erleichtert es ungemein, Aktivitäten aus der Mitte zu unterstützen. Nur so kann ein Entscheider sich zu der Initiative bekennen und sie – wo notwendig – verargumentieren. Denn bewährte KPIs oder althergebrachte Erfahrungen stehen als Pro-Argumente nicht zur Verfügung.
- Einen Sponsor finden, der die strategische und kulturelle Dimension der Initiative erfasst und sie vielleicht sogar für sich selbst, sein Ressort, seinen Auftrag nutzen kann. Denn die Res-

sourcen, die eine Graswurzelinitiative verbraucht, müssen in einer traditionellen Unternehmenskultur im Zweifelsfall gerechtfertigt werden.

• Überzeugende Persönlichkeiten außerhalb des Unternehmens als Fürsprecher gewinnen. Eine Initiative, die in der Außenwahrnehmung respektiert wird, kann intern schwerer ignoriert oder abgewürgt werden.

Sind die Voraussetzungen geschaffen, passen die Intentionen der Graswurzelinitiative zu einem Sponsor in der Organisation, der sicht- und wirksam wird im Sinne der Bewegung, dann steht die nächste Herausforderung an: Die Initiative an der formalen Organisation anzudocken.

3.8 Andockmanöver: Die Wege aus der „brauchbaren Illegalität"

Gary Hamel ist einer der renommiertesten US-amerikanischen Ökonomen und Managementberater, er gilt – zusammen mit C.K. Prahalad – als Urheber des weithin bekannten Konzepts von der „Kernkompetenz". Und Hamel hat in seinen wegweisenden Untersuchungen zur Innovationsfähigkeit von Organisationen tiefe Einblicke in die Seele vieler großer Unternehmen gewonnen. Sein Rezept, um in Bürokratie erstickende Organisationen aus ihrer Lähmung zu befreien? Ungehorsam.

„Werdet wütend!", apelliert er folglich an die Mitarbeitenden, „Revolutionen beginnen nie mit einem praktischen Argument, sie beginnen mit moralischer Entrüstung. Man muss das bestehende Management-System hacken, also Experimente beginnen, um Firmen voranzubringen". Denn im klassischen Managementsystem, so erklärt er in einem Interview des Wirtschaftsmagazins „brand eins", verfüge eine kleine Gruppe an der Spitze exklusiv über das Vetorecht, wenn es um strategische Ideen ginge. „Sie haben das alte Geschäftsmodell erfunden, und es fällt ihnen unglaublich schwer, sich davon zu verabschieden. Das ist der wichtigste Grund, warum Organisationen die Zukunft verpassen: Die Führungsspitze hat es versäumt, ihr längst entwertetes geistiges Kapital abzuschreiben."

Die **erstarrte Organisation** braucht eine **Kraft aus der Mitte**, die in der Lage ist, Verkrustungen aufzubrechen und **neue**, unerlaubte **Wege** auszuprobieren.

Mit anderen Worten, die Rettung liegt in genau jener Arbeitnehmerschaft, die ihren Raum zur Mitgestaltung einfordert und sich immer häufiger in Graswurzelinitiativen organisiert.

Neue Arbeitswelt: Stresstest für die Unternehmenskultur

Für traditionelle Organisationsstrukturen sind Mitarbeitende, die nicht mehr widerspruchslos Befehle entgegennehmen und ausführen, Segen und Fluch zugleich. Zum einen brauchen sie nichts dringender als Sandkörner, die ihr Getriebe zum Knirschen bringen und Richtungs- oder Geschwindigkeitsänderungen erzwingen. Andererseits verfügen klassische Organisationen aber über filigran durchdefinierte Regeln und Prozesse, in denen Abweichungen nicht vorgesehen sind. Etablierte Unternehmen wie Siemens oder Bosch sind Maschinerien mit vielfach erprobten und zementierten Hierarchien, Zuständigkeiten, Projektplänen und Prozessen, deren Endprodukte Effizienz und Wirtschaftlichkeit heißen. Was eine solche Maschinerie nicht braucht, sind Rädchen, die plötzlich in andere Richtungen zu drehen beginnen und das System blockieren, auch sei es augenscheinlich in der allerbesten Absicht.

All diese Facetten einer neuen Arbeitswelt bringen ein gut geregeltes System einerseits weiter in der Entwicklung, und gleichzeitig an die Grenzen seiner Belastbarkeit. Denn die Regeln wurden ja von

Entscheidern vorgedacht und etabliert, um die Regelungslücken so eng wie möglich zu halten. Die Maschine soll laufen, und das möglichst ohne menschliche, allzu lange Entscheidungsprozesse.

Graswurzelinitiativen oder zeitlich und organisatorisch eher weniger breit angelegte „Hacks" stoßen jedoch in offensichtliche Handlungsspielräume etablierter Strukturen der Organisation und stellen zunächst gut geregelte Prozesse infrage. Abweichendes Handeln gilt in diesem System zunächst einmal als Fehler – auch wenn es sich möglicherweise um genau den Fehler handelt, den das System zum Überleben bräuchte.

Radikale Demokratisierung: Das Beispiel SEMCO
Anfang der 80er-Jahre des letzten Jahrhunderts übernimmt Ricardo Semler in Brasilien das Familienunternehmen von seinem Vater. SEMCO ist ein traditionelles Unternehmen, das seinen Schwerpunkt im industriellen Maschinenbau hat und unter anderem Pumpen, Backmaschinen oder Großklimaanlagen herstellt. Semler Junior lernt schnell die dysfunktionale Hierarchie mit all ihren ungünstigen Nebenwirkungen kennen, allen voran die Verschwendung menschlicher und wirtschaftlicher Potenziale, die die Existenz des Unternehmens bedrohen. Semler baut die Organisation nun radikal um, trennt sich von zwei Dritteln des Managements und setzt auf Eigenverantwortung auf allen Ebenen. In seinem 1993 erschienen Buch „Das Semco System. Management ohne Manager. Das neue revolutionäre Führungsmodell" schildert er, wie schwer es war, Verbündete zu finden, wie viele Rückschritte und Verluste es gab bei seinem Versuch, die Geschicke des Unternehmens in die Hände jener zu legen, die die Arbeit vor Ort mit dem Produkt am besten kennen: Die Arbeiter auf der operativen Ebene. Unter Semlers Leitung (beziehungsweise jener seiner Angestellten) wächst der Umsatz um durchschnittlich 21 Prozent pro Jahr und SEMCO von einem 90-köpfigen Kleinbetrieb zu einem Unternehmen mit 3.000 Mitarbeitenden. Seine radikalen Ideen werden zu einem erfolgreichen Organisationsgestaltungsansatz, der hochmodern anmutet, obgleich er bereits mehr als ein Vierteljahrhundert alt ist.

Gratwanderung für Entscheider: Der Umgang mit „Fehlern im System"
Auf den ersten Blick haben SEMCO und der 385.000 Mitarbeitende umfassende Konzern Siemens wenig gemeinsam: Die klare, gut ausformulierte Organisationsstruktur des multinationalen

Elektrokonzerns mit Schwerpunkt Großanlagengeschäft und Projektmanagement lässt wenig Spielraum für partizipative Experimente im Regelbetrieb. Dennoch fällt der Name SEMCO häufiger, als sich im Frühjahr 2017 in der Münchener Konzernzentrale eine bunt zusammengewürfelte Gruppe von selbsternannten Transformationsdenkern und -umsetzern aus verschiedensten Bereichen zusammenfindet: Die einen aus der Konzernzentrale ganz dicht am Vorstand in der Organisationsentwicklung, andere aus entlegenen Standorten in der Republik: Die hier zusammenkommenden und uns schon bekannten Siemens-Grains-Mitglieder und vereinzelte Kollegen aus dem Bekanntenkreis eint die Faszination für Semler und seinen Ansatz, die Organisation mit Ideen zu reizen, zu provozieren, für Irritation zu sorgen. Eine Kollegin aus dem Netzwerk, in der eigentlichen Rolle als Organisationsentwicklerin für den Konzern tätig, engagiert aus ihrem persönlichen Netzwerk die Führungskräfteentwicklerin und Gründerin der Transformationsberatung Tealfox, Mariola Wittek-Mourão, eine ausgewiesene Kennerin der Semco-Interventionen. Im Allerheiligsten des Konzerns hinter gläsernen Konferenzwänden diskutiert die Gruppe, welche der SEMCO-Hacks man auf die eigene Organisation anwenden könne.

Die einen nehmen sich für dieses inoffizielle, von keiner Führungskraft genehmigte Treffen einen Tag Urlaub, anderen fällt es leichter, diesen nicht im Sinne ihrer eigentlichen Aufgabe „produktiven" Tag argumentativ zu verantworten, sollte jemand danach fragen. Am Ende des Treffens stehen eine Reihe von Ideen zur Umsetzung bereit und ein Blogbeitrag im internen sozialen Netzwerk des Unternehmens (und in Kopie auf LinkedIn unter dem Titel „Reinventing Siemens: Tanzstunde für Elefanten") informiert Interessierte über Anlass, Ziel und Aktivitäten des gemeinsamen Tages. Darin heißt es:

„Es geht gleich zur Sache: SEMCO stellt eigentlich alles infrage, was bei Siemens in 170 Jahren an Organisationskultur gewachsen ist – von der hierarchischen Pyramide bis zur extrinsischen Motivationssystematik. Vom Silo-Denken bis hin zum Regularien- und Reporting-Exzess eines börsennotierten Konzerns. Praktisch alle thematischen Sphären, die das SEMCO-System anspricht, wären potenzielle Einsatzfelder, um exemplarisch und experimentell, besser: flächendeckend und dauerhaft auch bei Siemens implementiert zu werden. Und die Teilnehmer eint die Lust und der Mut, konkrete Ideen auch mit ‚nach draußen' in ihre jeweilige Einheit zu nehmen."

Es sind Erfahrungen wie diese, die bei den Teilnehmern von Graswurzelinitiativen das Selbstverständnis befeuern, mit Blick auf Mensch und Organisation im stillen Schatten prominenter Beispiele aus jungen Unternehmenskulturen die Zukunft ihrer traditionellen Organisation auf eine leise und dennoch konstruktive Art aktiv mitzugestalten. Die damit einhergehende Euphorie, mit dem täglichen Tun einen echten Unterschied zu machen, geht auch aus dem erwähnten Blogbeitrag hervor, in dem es heißt: „Unsere Vorstände müssen derzeit immer wieder Antworten finden für eine künftige Welt, in der Elefanten nur tanzend überleben. Erarbeitet werden diese Antworten dieser Tage überall bei Siemens; an einem Tag wie heute auch in den gläsernen Hallen."

Zur großen Überraschung aller reagiert Joe Kaeser, der Vorstandsvorsitzende der Siemens AG direkt auf den Blogpost im internen sozialen Netzwerk. So lautet sein für alle Mitarbeitenden lesbarer Kommentar: „Wer von den teilnehmenden Kollegen hat denn Urlaub genommen, um hier dabei zu sein?"

Die Frage wirft zwar Rätsel auf, aber Kaesers Beitrag macht unmissverständlich klar: Ich sehe Euch. Die Initiative fliegt nicht mehr unter dem Radar. Der Beitrag ist ein Coming Out der „Grains", ein Manifest ihrer Absichten und ihres Anspruchs, die Organisation des Weltkonzerns aus der Mitte heraus mitzugestalten. Und der oberste Konzernlenker kontert mit einer einzigen, nüchternen, pragmatischen Frage. Geht es ihm um die Verwendung von Produktivzeit? Oder eher darum, die Teilnehmenden künftig zu schützen, freizustellen?

Nun, eine Fortführung des Dialoges könnte dies beantworten, aber auf die Einladung der Gruppe an den CEO, sich beizeiten zusammenzusetzen, erfolgt keine weitere Antwort; ganz sicher nicht weiter überraschend angesichts des Terminkalenders eines CEOs, und dennoch: Die Chance auf ein Andockmanöver ist damit verstrichen und verläuft im Sande, anders als beispielsweise im Fall von der WOL-Initiative bei der BMW Group, bei der zwei Top-Manager die Akteure weithin sichtbar unterstützen.

Die Distanz des CEO mag verschiedenste Gründe haben. War es richtig, als Graswurzelinitiative in einem Unternehmen mit fast 400.000 Mitarbeitenden gleich den CEO im Andockmanöver anzusteuern? Als die Grains ihr bereits erwähntes Weihnachts-Booklet an Kaeser schicken, bedankt er sich und spricht die Einladung an alle Teilnehmer aus, gern produktiv messbar an der wirtschaftlichen Weiterentwicklung des Konzerns mitzuwirken. Die Botschaft von Augenhöhe, Menschlichkeit, Sinn und Partizipation, die die Grains beabsichtigt hatten zu senden, erhält von seiner Seite zu diesem Zeitpunkt keine Würdigung.

Wenn Graswurzeln auf Unternehmensziele einzahlen

Eine Erfahrung, die auch Katharina Krentz bei dem Werben um das von ihr vertretene Lernprogramm „Working Out Loud" wiederholt macht: In der traditionellen Unternehmenskultur eines Technologieunternehmens gibt es eine eindeutige, zahlenbasierte Metrik, an der sich jede Aktivität messen lassen muss. Und sie lautet in letzter Konsequenz: Wirtschaftlichkeit. So muss in einem international erfolgreich agierenden Unternehmen letzten Endes jede Aktivität auf Wettbewerbsfähigkeit und Profitabilität einzahlen.

Diese Logik ist durchaus nachvollziehbar, wenn man sich jene Kosten- und Umsatzorientierung vergegenwärtigt, der sich die meisten Unternehmen verschrieben haben. Die heutigen Unternehmenslenker sind vielfach noch die Söhne, seltener Töchter von Nachkriegsvätern, die echte wirtschaftliche Not, aber auch die Gewissheit, dass man als „Junger" nicht laut zu widersprechen habe, noch selbst erlebt haben. In den prägenden Nachkriegsjahren ging es vielfach noch um das nackte Überleben. Themen wie Vision, Erfüllung, Selbstwirksamkeit, gesellschaftliche Verantwortung, Sinn: Luxus einer überreichen Zeit ohne materielle Not. „Unternehmenskultur? Das ist ein Wellness-Faktor, den man sich erst einmal (wirtschaftlich) leisten können muss", denkt der ein oder andere traditionell sozialisierte Unternehmenslenker vermutlich, wenn er sich mit den heutigen Forderungen und Ansprüchen einer sinnsuchenden Mitarbeiterschaft konfrontiert sieht.

Genau deshalb gibt Gary Hamel Mitarbeitenden den Rat, mit Fakten und Argumenten statt mit Gefühlen und Befindlichkeiten in den Kampf zu ziehen. „Bewaffnet euch mit Daten! Moralische Argumente erobern die Herzen, aber nüchterne Zahlen überzeugen den Verstand." Derart munitioniert, gehe es darum, neue Prinzipien zu entwickeln:

„Statt um Standardisierung und feste Arbeitsroutinen muss es in **Zukunft** um anderes gehen: um **Experimentierfreude, Offenheit, Gemeinschaft** und mehr **Marktdenken.**"

Krentz und ihr Team waren mit ihrer Mission, die vernetzte Zusammenarbeit bei Bosch voranzubringen, weit gekommen. Bisweilen gebremst, bisweilen bekämpft, gelang es, dank kluger Allianzen und einer wohl überlegten Verbreitungsstrategie, und mit der Fähigkeit, Erfolge in die Sprache der Organisation zu übersetzen, viele Türen zu öffnen. So gelang es, die Initiative direkt mit der Nutzung eines technischen Werkzeugs, nämlich der Kollaborationsplattform BoschConnect zu verknüpfen. In der Kommunikation verstanden sie und ihre Mitstreiter es, Working Out Loud bei Bosch mit den übergeordneten strategischen Zielen der Organisation, ein hochvernetztes, agiles IoT-Unternehmen zu werden, zu verknüpfen. Dabei wurden eine Reihe kluger Allianzen geschmiedet: Mit der IT zur Promotion der Plattform; mit der Trainingsorganisation zur Erweiterung von deren Portfolio, zur hausinternen Diversity-Initiative ebenso wie zur Personalentwicklung mit dem Ziel, das Thema in Führungs- und Zusammenarbeitsprinzipien zu integrieren. All dies schuf die Voraussetzung für den Übergang der Initiative in den Regelbetrieb.

Der Weg in die Prozesslandschaft

Inzwischen ist Working Out Loud im Akademieprogramm der Robert Bosch GmbH verankert – der weithin sichtbare Nachweis, dass niemand an Wirksamkeit und Relevanz des Programms für die Organisation Zweifel hegt.

Und dennoch: Immer noch gibt es Situationen, die einen messbaren Nachweis explizit erfordern. Ganz im Sinne von Hamel ist daraus ist ein Set von Key Performance Indicators entstanden, die dazu dienen, Argumente für Soziales Lernen aka Working Out Loud zu unterstützen. Diese reichen von Vernetzungs- und Aktivitätsindex über Weiterempfehlungsraten, Verbesserung der Zusammenarbeit und Kommunikation bis hin zum Beitrag von WOL für die lernende Organisation und den kulturellen Wandel. Während es genau diese Argumente braucht für die Übersetzung von „Graswurzel nach Regelorganisation", so ist damit zwar ein weiteres Andockmanöver gelungen – aber die Organisation noch lange nicht durchdrungen. Eine Verfügbarkeit der Maßnahme im Katalog der Akademie zeigt zwar das „Erwachsenwerden", ja formal eigentlich sogar das Ende der Initiative als Graswurzel, eine breite Nutzung ist damit aber noch nicht garantiert.

Immerhin: Zum Zeitpunkt der Drucklegung dieses Buches existieren über 900 durchlaufene Circle in der Organisation, knapp 6.000 Mitarbeitende aus 52 Ländern haben sich offiziell der Initiative angeschlossen – noch nicht ganz die 3,5 Prozent der 403.000 Mitarbeitenden der Robert Bosch GmbH, die wir in Kapitel 3.4 „Wirksamkeit: Die Bewegung gewinnt an Fahrt" als Durchbruch beschrieben haben, aber dennoch ein beachtenswertes Ergebnis.

Hätte eine andere Bewegung den steinigen Weg vom traditionellen Umfeld hin zu mehr Partizipation und Selbstführung aus der Mitte heraus besser und schneller fördern können? Unsere Beobachtung zeigt uns, dass das vergleichsweise einfache Programm Working Out Loud, mit seinem für die Teilnehmer sofort erlebbaren Mehrwert, großes Potenzial hat, eine kritische Masse zu erreichen.

Graswurzelinitiativen zwischen Funktion und Freiheit

Wäre womöglich ein größerer Einfluss, höhere Geschwindigkeit und mehr Durchsatz zu erwarten, wenn das Programm seitens des Unternehmens als klassisches Veränderungs-Programm in die Organisation gedrückt würde? Wenn also eine Initiative wie Working Out Loud generalstabmäßig seitens der Unternehmens mit hohem finanziellen und personellen Aufwand ausgerollt würde, mit den so hilfreichen Change-Agents als Multiplikatoren und einer verpflichtenden Schulung der Führungskräfte sowie deren Selbstverpflichtung, Soziales Lernen und Vernetzung sichtbar und erkennbar vorzuleben?

Auch wenn der Change-Theoretiker John P. Kotter das Scheitern klassischer Changeprogramme heraufbeschwört und in "Leading Change", seinem Standardwerk für Veränderungsmanagement, Unternehmen zahlreiche Fehler bei der Umsetzung von Veränderungsmaßnahmen nachweist: Eigentlich sind alle genannten Elemente genau jene, die sich die Working-Out-Loud -Akteure bei der Robert Bosch GmbH oder auch die Grains bei Siemens wünschen könnten und zum Teil auch faktisch wünschen: Akzeptanz und Unterstützung bei der Umsetzung; maximale wirtschaftliche und personelle Freiräume bei gleichzeitig maximalem Vertrauen der Bestandsorganisation in die Wirksamkeit ihrer Idee.

Die Gratwanderung lautet für Initiatoren wie Krentz, mit dem System zu kollaborieren, das ja eigentlich verändert werden soll, und sich ein Stück weit anzupassen, ohne sich zu verleugnen. Das darin liegende Konfliktpotenzial auch für die eigene Identität ist allen Akteuren, mit denen wir gesprochen haben, sehr bewusst. Offenkundig gibt es kein Rezept, wie dies zu umgehen wäre. Denn wenn die Graswurzel-Mission erfolgreich und mehr als eine exotische Initiative sein will, bleibt ihr gar nichts anderes übrig, als ein paar unternehmerische Realitäten anzuerkennen:

- **Mitbestimmung:** Zahlreiche Graswurzelinitiativen berühren mitbestimmungspflichtige Themen – im Falle von Working Out Loud beispielsweise das Thema Weiterbildung im Unternehmen. Das bedeutet: es muss das Einvernehmen der Arbeitnehmervertretung gesucht und gefunden werden. Bei allen wichtigen Umsetzungsschritten ist der Betriebs- oder Personalrat mit im Boot.

- **Reporting:** Die Initiative muss in Bezug auf Prozesse, Verfahren und Reporting einen sinnvollen Anschluss an die Bestandsorganisation finden. Ansonsten bleibt sie eine abgeschiedene Insel für Exoten, ohne Verbindung zum Mutterland und mit entsprechend geringem Einfluss auf es. Und um es klar zu sagen: Auch wenn der Begriff der „brauchbaren Illegalität" etwas anderes suggerieren könnte, bilden Revisionssicherheit und Compliance-Regelung ausnahmslos den äußeren Rahmen für alle Aktionen!
- **Kontrolle:** Alle von uns untersuchten Graswurzelinitiativen „nagen" an der formalen Kontrolle durch klassische Führung: Ausmaß und Form des Kontrollverlustes müssen diskutiert, verhandelt und so definiert werden, dass Gründergeist, Enthusiasmus und Gestaltungsenergie nicht durch Messkriterien und Kontrollschemata erstickt werden.

Nahezu ein Paradoxon scheint demnach die Frage: Wie kann eine Initiative in die „Legalität" der Organisation übergehen und in die Unternehmensrealität eingebunden werden, ohne ihre Mission zu verleugnen? Wie übersteht man den Marsch durch die Institutionen, ohne sich zu verlieren? Von Graswurzelinitiativen sind Qualitäten bekannt, die man in der Chemie Emulgatoren zuschreibt: Stoffen mit der einzigartigen Fähigkeit, zwischen eigentlich unvereinbaren Elementen eine dauerhafte Verbindung herzustellen. Was in der Chemie Lecithine zwischen Öl und Wasser schaffen, muss Graswurzelinitiativen zwischen traditioneller Unternehmenskultur und neuen Ideen gelingen.

Von der brauchbaren Illegalität auf die Bühne von #NewWork

Im Gasturbinenwerk der Siemens AG in Berlin scheint dies in Ansätzen gelungen zu sein. Die Fertigungsplaner Dr. Robert Harms und Ronny Großjohann, die wir in der Einleitung vorgestellt haben, hatten ihr Projekt bekanntlich zunächst nicht als Graswurzelinitiative angelegt. In der Umsetzung wiederum sind auffällige Parallelen zu den hier vorgestellten Praktiken von Texas Instruments, Telekom und der Robert Bosch GmbH erkennbar.

Wie erwähnt, setzten Harms und Großjohann ihr Projekt zunächst als regulär durchgeplantes, mit beachtlichem Budget ausgestattetes

Insourcingprojekt auf, das nach dem bei Siemens genau determinierten Prozessablauf „PM@Siemens" umgesetzt werden sollte.

Schnell merkten jedoch die beiden Ingenieure, dass sie mit Standardmethoden ihrem Ziel, eine Fertigung bis zur Umsetzungsreife zu konzipieren, keinen Schritt näher kamen. Doch statt mit Geduld und Beharrlichkeit auf dem Standardprozess zu beharren, bis das Projekt schließlich doch noch gelingt oder klar scheitert, entschieden sich Harms und Großjohann für einen unkonventionellen dritten Weg. Unabhängig von allen Vorschriften fragten sie in die Runde ihrer Projektteilnehmer, wie diese denn das Projekt anpacken würden. Von da ab steuerten sie es mit Dialog, Moderation und Vertrauen zu einem Erfolg, der ihnen bis heute viel Aufmerksamkeit und einige Preise eingebracht hat.

Ihre Mitstreiter – man kann sie mit Fug und Recht auch Komplizen nennen – fanden sie in Kollegen, die bei einem klassischen Fertigungsplanungsprojekt gar nicht gefragt worden wären, jetzt aber umso beherzter den Freiraum zu nutzen wussten und leidenschaftlich Wissen und Erfahrung teilten. Zum Unternehmen hin sicherten sich die beiden Selbstorganisations-Enthusiasten ab, indem sie in ihrem Standortleiter einen Unterstützer fanden, der jung und beweglich genug war, den beiden zu vertrauen und ihnen den Rücken freizuhalten.

Was ist, wenn Ungehorsam zum Erfolg führt?

Denn eines blieb Harms und Großjohann trotz allem nicht erspart: Ein millionenschweres Investitionsprojekt wie ihres unterliegt naturgemäß der Kontrolle durch höhere Hierarchiestufen. Zu ihrem semi-freien Projekt gehörten daher regelmäßige Kontrollzyklen und Berichte an die Unternehmenshierarchie. Dass dies nicht immer frei von Komplikationen war, versteht sich von selbst. Was also, wenn es einen Projektfortschrittsbericht zu liefern galt, ganz nach „PM@SIEMENS"-Methodik, Arbeitspakete und Stände zu dokumentieren galt, die es in der neuen selbstorganisierten Arbeitsweise gar nicht mehr gab? Harms und Großjohann sahen es dann auch als ihre Aufgabe, ihren Projektarbeitern die lästige Berichtspflicht vom Hals zu halten: Sie übernahmen die Aufgabe kurzerhand vollständig selbst, erstellten Berichte in der gewünschten Form, wohl wissend, dass die Realität hinter den Folien nicht in allen Punkten der vorgesehenen Struktur entsprach. Allein das ist schon ein Kulturhack, dem wir in vielen Initiativen begegnen:

Die **Graswurzelinitiative** muss lange geschützt werden, und ein möglicher Weg führt über die **Simulation des Andockmanövers**.

Die Restorganisation soll zunächst nicht merken, was im Nukleus passiert, und es finden sich freiwillige Helfer, die die Schnittstelle erst einmal frei von Nachfragen durch die Hierarchie halten – zum Beispiel durch Aufrechterhaltung der geforderten Reporting-Struktur.

Seither ist über die Brennerfertigung im Berliner Gasturbinenwerk viel veröffentlicht worden, Harms und Grossjohann erhielten im Jahr 2018 den Xing New Work Award und sind heute gefragte Selbstorganisations-Experten. Mit den Graswurzel-Initiatoren im Buch eint sie, dass sie zwar nicht im Zuge ihres Projektes – das ja sehr wohl Auftrag und Budget erhielt –, sondern im Zuge von dessen Umsetzung ganz bewusst auf Regelbruch gesetzt haben. Denn auch hier ist, unabhängig des nachgewiesenen Erfolgs aus Sicht aller Beteiligten, das gewählte, vom Regelwerk abweichende und eigenmächtig entschiedene Vorgehen formal ein Fehler.

Das Dilemma „Ungehorsam"

Manchmal handelt es sich dabei um ungeschriebene Gesetze wie im Fall von #gerneperDu, manchmal um harte Regeln wie die Projektabwicklung im Fertigungsaufbau. Und ähnlich wie in Kleists Drama „Prinz Friedrich von Homburg", wo der Prinz ohne Erlaubnis in die Schlacht aufbricht und diese auch gewinnt, der Kurfürst es aber als seine Pflicht sieht, den Ungehorsamen zu bestrafen, stellt sich für die Regelorganisation die Frage, wie man mit solcherlei Regelbrechern umgeht. Sanktioniert man nicht, öffnet dies dem Ungehorsam und dem Regelbruch Tür und Tor. Sanktioniert man, lautet das Signal: Selbstständiges Denken und Mut werden verurteilt, auch im Erfolgsfall.

Wie also soll der Entscheider eines Unternehmens auf diese Form von Ungehorsam wie im Beispiel von Harms und Großjohann bei Siemens reagieren? Darf die Öffentlichkeit, dürfen die Aktionäre, und vor allem die Unternehmensöffentlichkeit erfahren, dass man die „Mannschaft nicht im Griff hat", oder wie viel Ungehorsam verträgt eine traditionelle Unternehmenskultur?

Im Fall der Brennerfertigung bei Siemens erwies sich die Flucht nach vorn, oder besser nach draußen, als probates Mittel. Zum einen übertraf das Projekt alle Erwartungen, zum anderen erntete es viel Anerkennung für den mutigen Schritt, eine Fertigung in Selbstorganisation aufzusetzen. Die nackten Zahlen sicherten den Übergang in die Produktivität und die Akzeptanz beim Management. Die Sichtbarkeit der Initiative wiederum machte es schwierig, ein formales Fehlverhalten an den Pranger zu stellen. Zu sehr spielt heute eine wohlmeinende interne und auch externe Öffentlichkeit eine Schlüsselrolle. Das sichtbare Netzwerk, die über alle geteilte Botschaft sicherte den Projektbeteiligten die Existenz – und führte schließlich dazu, dass andere Werke des Konzerns genau von diesem Regelbruch lernen wollten.

Auch wenn der Ausgangspunkt dieser Geschichte schlichtweg der verzweifelte Ungehorsam zweier Fertigungsplaner war, so kann man aus heutiger Sicht feststellen, dass sie als Beispiel viele weitere Bereiche inspiriert haben und heute dabei unterstützen, auch im gewerblichen Umfeld mehr partizipative Strukturen in der formalen Organisation zu verankern.

Was können wir aus den Andockmanövern der Graswurzelinitiativen lernen?

Die Andockmanöver an der Regelorganisation können unterschiedlicher nicht sein. Der eine Entscheider kommentiert einen Blogbeitrag und verschafft der Initiative kurzfristig Öffentlichkeit, ohne sich jedoch weiter zu engagieren. Der andere Entscheider wiederum erkennt sofort das Potenzial und stellt sich auf die Bühne der Bewegung – denn er sieht eine Chance für die Organisation, für den einzelnen Mitarbeitenden, und sicher auch für sich selbst. Und wiederum andere Akteure bauen ein potemkinsches Dorf aus Reporting-Dokumenten, um unter der Haube die neue vertrauensbasierte Organisationsform mit der Formalorganisation zu versöhnen – und letztlich gesichert durch den wirtschaftlichen Erfolg auf die Bühne zu treten.

Es bedarf offenbar einer sorgsamen Abwägung, an welcher Stelle das Andockmanöver erfolgreich sein kann. Sichtbarkeit, so zeigt es die WOL-Initiative bei Bosch, ist ein wesentlicher Erfolgsfaktor. Ebenso die leichte Erklärbarkeit, worum es der Initiative eigentlich geht. Mit hoher Sichtbarkeit und einem leicht erklärbaren „Produkt" sind Menschen schneller bereit, aufzustehen und mit zu tanzen. Für die Grains ist ihr Thema Selbstorganisation schwerer an eine größere Zahl von Kollegen zu vermitteln als für Oliver Herbert, den Daimler Kollegen, der #gerneperDu auf seinen Weg brachte, das Andocken an die Organisation dementsprechend leichter.

Was wir beim Andocken der Graswurzler auch lernen: Organisationen funktionieren über Regelkreise, es werden Pläne gemacht, es werden Messungen vorgenommen, es wird verglichen und adjustiert. Sichtbare, erklärbare, leicht kommunizierbare Wertbeiträge der Initiative sind oft überlebenswichtig, wenn es darum geht, die Initiative mit formalen Stellen der Organisation zu verknüpfen und die Idee im Unternehmen zu verankern.

Andocken und wirksam werden

Was müssen Graswurzelinitiativen nun tun, um am Ende nicht nur wahrgenommen, sondern auch andocken zu können und wirksam zu werden? Die uns schon bekannten Autoren Heimans und Timms nennen fünf Schritte, die für „Neue Bewegungen aus der Mitte" und damit auch für Graswurzelinitiativen erfolgsentscheidend sind:

Vernetzte Vernetzer finden: Für jede Graswurzelinitiative ist es wichtig, die gut vernetzten Vernetzer zu identifizieren und für die Initiative zu gewinnen. Häufig sind das Kollegen mit ähnlichem philosophischen, sozialen oder beruflichen Hintergrund. Wichtig ist zudem, dass diese „Knotenpunkte" nicht nur bestens vernetzt, sondern in ihrem Wirkungsbereich auch einflussreich sind. Während es bei den Bosch-Zukunftsschwärmern beispielsweise die engagierten Ingenieure waren, die ihre Vorstellungen einer Ingenieursethik voranbringen wollten, hat die Working-Out-Loud-Initiative bei verschiedenen Unternehmen das Finden der Vernetzer sogar gleich zum Teil der Methode selbst gemacht.

Marke aufbauen: Wer Wirkung erzielen will, muss die richtige „Kundenansprache" finden. Sie beginnt bei einem griffigen Motto (#gerneperdu) oder einem ebensolchen Namen (Zukunftsschwärmer) und reicht bis zu einer digitalen Repräsentanz im Netz. Fast alle Bewegungen, die wir in diesem Buch porträtieren, sei es Working Out Loud, der ConnectedCultureClub, die Grains oder Learning from Experts, verfügen über einen prägnanten Hashtag als Erkennungszeichen sowie über eine Community, die leicht zu finden ist. Das macht es potenziellen Sympathisanten leicht, Informationen über die Initiative zu bekommen, Zugang zu erhalten und sich ihr anzuschließen.

Hürden senken und Wege ebnen: Wer sich in der alten, oft bipolaren Welt engagierte, wurde häufig auf eine harte Probe gestellt. Um beispielsweise Mitglied einer Partei zu werden, musste man sich mit einer langen Liste politischer Maßnahmen einverstanden erklären und endlose Gremiensitzungen ertragen. Organisationen, die dagegen eine breite Basis aufbauen, nutzen frühzeitig bestehende Infrastrukturen. Die amerikanische Bürgerrechtsbewegung beispielsweise konnte auf die Unterstützung durch vornehmlich schwarze Kirchengemeinden zählen. Erfolgreiche Graswurzelinitiativen docken an internen sozialen Netzen oder anderen digitalen Plattformen an, um den Zugang zu Informationen ihrer Bewegung zu erleichtern. In einer Welt, in der es von Beteiligungsmöglichkeiten nur so wimmelt, sind niedrige Hürden für Engagement und Aktionen eine wichtige Voraussetzung für den Aufbau einer schlagkräftigen Anhängerschaft. Und dies müssen nicht nur digitale Zugangsmöglichkeiten sein, sondern es können auch Armbänder als Erkennungszeichen sein, die die Mitstreiter zu Tausenden geordert und verteilt haben wie im Fall von #gerneperDu.

Beteiligungsgrad erhöhen: Im nächsten Schritt stellt sich die Frage, wie man Neumitglieder, die vielleicht gerade einmal die News der Gruppe abonniert haben, dazu bringt, aktiv Informationen zu teilen, selber Beiträge zu produzieren oder anderweitig aktiv zu werden. Es geht darum, von „Old Power", also traditioneller Folgsamkeit, hin zum „New Power"-Verhalten zu kommen. Das reicht vom Teilen der Inhalte Anderer über die Mitarbeit an Ideen bis hin zur aktiven Gestaltung der Bewegung. In den erfolgreichen Graswurzelinitiativen sind daher auch erfolgreiche Community-Manager zu finden, die ihre Bewegung auf diese Weise auf breite Füße stellen.

Den Sturm nutzen: Jener „Sturm", von dem Heimans und Timms bei ihren Beobachtungen gesellschaftlicher Graswurzelbewegungen sprechen, lässt sich nicht immer 1:1 auf organisatorische Initiativen übertragen. Bei genauerem Hinsehen haben indes auch viele unserer Beispiele auf ähnliche Mechanismen gesetzt, indem sie einen Sturm selbst erschaffen oder mit Starkwind gesegelt sind. Wir erinnern uns: Für die Zukunftsschwärmer beispielsweise war der Dieselskandal der Sturm, den sie nutzen konnten, um mehr Mitarbeitende in die Diskussion zu involvieren. Für die interne soziale Plattform bei Evonik gelang es Rainer Gimbel, den Schwung des Ideen-Wettbewerbs für die Sichtbarkeit und Verbreitung seiner Botschaft zu nutzen.

Und alle erfolgreichen Andockmanöver, die wir beobachten konnten, hatten dies gemeinsam: Einen günstige Wind, die richtige Plattform, die passenden Multiplikatoren und Vernetzer. Wer wirksam werden will, kommt an diesen Säulen des erfolgreichen Aufbaus einer Initiative nicht vorbei.

3.9 Manöverkritik: Was bleibt von der Graswurzel?

Wir haben im Verlauf des Buches gesehen, dass Graswurzelinitiativen ihren Nährboden eher in traditionellen Unternehmenskulturen finden, als in modernen, offenen, kollaborativen Organisationen. Denn besonders in althergebrachten Organisationen gilt eine Abweichung von definierten Prozessen, Praktiken oder dem konkludenten Handeln, zunächst als die Ordnung gefährdendes, ungeplantes, unerwünschtes Experiment, das zu Irritation führt. Impulse für eine Transformation stammen in diesem Umfeld vielfach von außen, sie werden generalstabmäßig durch ein dediziertes

Projektteam geplant und budgetiert, um dann als einvernehmlich verabschiedete, gut abgestimmte Veränderungsprojekte unter Zuhilfenahme der hausüblichen, regelmäßigem Reporting-Logik umgesetzt zu werden.

Was aber, wenn eine Unternehmenskultur ohnehin offen, transparent und auf Zusammenarbeit angelegt ist? Haben Graswurzelinitiativen auch in modernen Unternehmen ihren Platz? Was ist mit Unternehmen wie Semco, Spotify oder – wie wir gleich noch vorstellen werden – Sipgate? Braucht es dort, wo Kommunikationsstrukturen nicht über Jahrzehnte gewachsen sind, überhaupt brauchbare Illegalität im Sinne von Graswurzelinitiativen – oder kann man dort ganz offen über alles sprechen?

Um diese Frage zu beantworten, müssen wir uns zunächst anschauen, was kollaborative Organisationen auszeichnet. Zu erkennen sind sie aus unserer Sicht unter anderem daran, dass

- den Mitarbeitenden innerhalb der Regelarbeitszeit Freiräume für ihre Entwicklung gewährt werden, über die sie in vollem Umfang selbst verfügen
- die individuelle Leistungsbewertung und Entlohnung einem komplexem Mechanismus folgen, der weit mehr berücksichtigt, als die Perspektive auf wirtschaftlich messbaren Kriterien wie Zeit oder Umsatz
- den Mitarbeitenden von ihren Führungskräften ein immenses Ver- und Zutrauen entgegengebracht wird. Damit nehmen sie eine Coach-Rolle ein und machen den Weg frei für die funktionsübergreifende Zusammenarbeit: Dafür müssen die ihnen anvertrauten Mitarbeitenden weder um Erlaubnis fragen, noch wertvolle Produktivzeit auf die ermüdende und wenig produktive Verrechnungslogik zwischen Kostenstellen klären
- Mitarbeitende auf allen Ebenen einen systemischen Blick für das große Ganze und damit ein einheitliches Verständnis der gemeinsamen Marktherausforderungen haben – und ihre aktive Mitgestaltung des Sinn- und Wertesystems der Organisation absolut gewünscht ist
- eine offene Feedback-Kultur herrscht – und ein kontinuierlicher Austausch in alle Richtungen unabhängig von Positionen und Rollen möglich, ja gewünscht ist

- die Gestaltung der Kommunikationsprozesse von Entscheidung und Zusammenarbeit entsprechend der Markt- und Kundenerfordernisse, aber auch gemäß des ethisch-moralischen Konsenses der Gesamtorganisation kontinuierlich verhandelt und den Veränderungen des Umfeldes angepasst wird

Unter Berücksichtigung dessen vergleichen wir in unserem letzten Beispiel zwei Unternehmen, die einige eint und vieles unterscheidet: Sipgate und die Deutsche Telekom. Beide Unternehmen bieten Telekommunikationsleistung, sie teilen die Herausforderungen der gleichen Branche. Aber was auf den ersten Blick wie ein Vergleich von David mit Goliath aussieht, wirkt beim zweiten Blick nicht mehr ganz so eindeutig schwarz und weiß.

Sipgate, ein 2004 in Düsseldorf gegründetes Telekommunikations-Unternehmen, bezeichnet sich selbst als Pionier der Internet-Telefonie. Gleichzeitig versteht sich die Firma mit 170 Mitarbeitenden aber auch als Vorreiterin in puncto moderner Arbeitsmethoden. Jeden zweiten Freitag wird auf dem regelmäßigen OpenSpace gemeinsam gelernt, voneinander, miteinander. Die Mitarbeitenden kommen zusammen, bringen ihre Themen ein und gestalten ihren Tag. In den Sessions werden die verschiedensten Themen besprochen, auch das Format bestimmen die Session-Geber: Vom Frontalvortrag bis zur gemeinsamen Diskussion eines Statements kann alles passieren, und das in einer Gruppe, die sich selbst zusammenfindet, und zwar bewusst nicht in den funktionalen Teams, sondern mit Fokus auf maximale Diversität je nach persönlicher Interessenlage unternehmensübergreifend. Agile Methoden der Zusammenarbeit gehören zur Sipgate-DNA, sogenannte Retros werden veranstaltet, es gibt Feedback, gängige Praktiken werden immer wieder auf den Prüfstand gestellt. Die Teams haben maximale Freiräume, sie entscheiden über Neueinstellung und Personalfragen selbst. Und immer wieder werden Unternehmenskultur und -identität auf die Agenda gesetzt: Wer sind wir, wer wollen wir sein? Passen unser Außen- und unser Selbstbild zusammen? Gehen wir wertschätzend miteinander um?

In diesem Unternehmen gibt es keine Titel, keine Manager, keine Abteilungen, keine Budgets, keine Überstunden. Stattdessen: Selbstverantwortung, Feedback, Lernen, Freiheit und ja, auch Spaß. Die Gründer von Sipgate haben ihre Erfahrung in einem Buch über ihre „24 Workhacks" zusammengefasst, das in vielen Unternehmen, die sich auf den Weg der Transformation machen, zur Standardlektüre gehört.

Wäre in so einer Organisation eine Graswurzelinitiative denkbar? Und falls ja: wäre sie überhaupt notwendig? Wenn man Tim Mois, dem Gründer von Sipgate zuhört, erkennt man schnell, dass die Offenheit und Freiheit, neue Themen einzubringen, oder Dinge infrage zu stellen, bei Sipgate bereits systematisch in der Organisation verankert ist. Dafür wird ausreichend Freiraum geschaffen. Nicht die Personalabteilung nimmt dem Team die Suche nach dem neuen Mitarbeitenden ab, sondern das Team selbst ist verantwortlich. Und auch den unangenehmen Fall, die Trennung von Mitarbeitenden, stemmen die Teams selbst. Braucht ein Team Unterstützung, erhält es diese, um selbst befähigt zu werden, derlei künftig selbst zu beherrschen. Unsere Beobachtung:

In einer **Unternehmenskultur,** die bereits **auf Augenhöhe** aufgebaut und mit entsprechenden Mitarbeitenden und deren Haltung gewachsen ist, ist die **Graswurzel förmlich eingebaut**.

Der Freiraum für Änderungen, die aus der Mitte der Organisation kommen, steckt schon in der Unternehmenskonstruktion, und ständig fallen neue Samen auf den bereits gut kultivierten Boden, um so Klima und Kultur mitzuentwickeln.

Wie sieht dagegen die Unternehmenskultur beim großen Wettbewerber Deutsche Telekom AG aus? Es wäre jetzt ein leichtes, dem agilen Mittelständler den starren ehemaligen Staatskonzern gegenüberstellen. Doch hinter den Kulissen des Konzerns mit über 200.000 Mitarbeitenden setzen engagierte Kollegen heute erstaunliche Zeichen.

Lernen in der Konzernwelt

Apropos Lernen. Hier treffen in Konzernen neue und alte Arbeitswelt hart aufeinander. Auf der einen Seite auch heute noch vielenorts traditioneller Akademiebetrieb, Präsenzseminare, klare Weiterbildungspfade und eine Struktur, bei der es die Erlaubnis der Führungskraft bedarf, womit der Mitarbeitende sich beschäftigen darf. Auf der anderen Seite die Anforderungen einer dynamischen Umwelt, in der Unternehmen immer weniger wissen, was die Anforderungen von morgen sein werden, verbunden mit der Problematik, Adaptions- und Lernprozesse immer weniger im Bildungskatalog abbilden zu können. Bei Unternehmen wie der Deutschen Telekom existieren, je nachdem, wohin man blickt, beide Welten.

Dem Lernen nach Katalog und Stundenplan steht der Ansatz des sozialen Lernens gegenüber, der auf direkte Interaktion von Mitarbeitenden setzt. So kann bei Sipgate jeder Mitarbeitende, der über Expertise zu einem bestimmten Thema verfügt, jederzeit Kollegen einladen und sein Wissen an sie weitergeben. Aber Achtung: Wir sprechen hier nicht vom viel gerühmten „Training on the Job", bei dem ein neuer Mitarbeitender von einem erfahrenen Kollegen in geschriebene oder ungeschriebene Praktiken eingewiesen wird. Bei „Training on the Job" geht es um Produktivität und Effizienz im Rahmen des Handlungshorizontes des erfahrenen Kollegen. Dabei lernt der Neuling exakt das, was aus Sicht seines erfahrenen Kollegen bewährt, erfolgreich und vorstellbar ist. Beim sozialen Lernen hingegen geht es um Methodenwissen und um die Erkundung des Unbekannten im direkten Austausch zwischen Kollegen.

Dabei kommen Mitarbeitende außerhalb des operativen Regelbetriebes zusammen und lernen wann, was und mit wem sie wollen. Und während dies bei Sipgate praktisch expliziter Teil der vorherrschenden Unternehmenskultur sowie erwünscht und gefördert ist, hat über eine Graswurzelinitiative das gleiche Thema auch beim traditionellen Unternehmen – der Telekom – Einzug gehalten hat. So lernten wir bei unseren Recherchen Shakil Awan und seine Mitstreiter kennen, die ohne Auftrag, aber mit Sendungsbewusstsein das Thema Weiterbildung im Konzern um die wichtige Komponente des selbstorganisierten voneinander-miteinander Lernens ergänzten.

Dabei fand der heute 48-Jährige ausgebildete Ernährungswissenschaftler mit pakistanischen Wurzeln eher auf Umwegen zur 10.000 Beschäftigten großen IT-Tochter der Telekom. Das Thema Lernen hat Awan dort bereits seit 2017 im Rahmen eines internen Transformationsprogramms beschäftigt. In dessen Vorfeld hatte er angeregt, diejenigen Kollegen, die ihr Wissen teilen wollten, für den Wissensaustausch doch einfach „buchbar" zu machen. Allerdings erhielt er seinerzeit für diesen Vorstoß keine Unterstützung. Als dann besagtes Transformationsprogramm aufgelegt wurde und gleichzeitig die interne Kollaborations-Plattform „You and Me", kurz YAM, im Unternehmen mehr und mehr Zuspruch erhält, sieht er in der Kombination aus seiner Idee und den Möglichkeiten, die die Plattform bietet, seine Chance für die Einführung neuer Formen organisationalen Lernens auch in seinem Unternehmen. „Mir ging es", so formuliert er es heute, „im wahrsten Sinne des Wortes um das Voneinander-lernen".

Dazu initiiert er im internen Netz YAM eine geschlossene Gruppe, die, seinen eigenen Worten folgend, „zunächst nicht viel mehr war als eine Art Gelbe Seiten". In der Gruppe sind Namen, Kontaktdaten und Kompetenzen von Kollegen verzeichnet, die ihr Wissen bei Bedarf gerne teilen würden. Als sich ein weiterer Kollege „ehrenamtlich" Awans Initiative anschließt, Zeit und Wissen anbietet, bekannte Experten empfiehlt und akquiriert und sogar Lernsession-Videos publiziert, bekommt die Idee den notwendigen Schwung und Aufmerksamkeit als Vorbereitung für die nächste Phase. In einer Telekom-weiten Abstimmung, in der es um die Vorstellung von Projekten in einer öffentlichen Vorstandssitzung geht, erhält das Projekt der beiden Lern-Enthusiasten die meisten Stimmen. So stellt Awan im November 2018 die Idee dem Telekom-Vorstand und per Livestream gleichzeitig Tausenden Mitarbeitenden vor. „Lernen von Experten", kurz „LEX", nennt er sein selbst entwickeltes soziales Lernformat.

Aus einer Community, die zum Zeitpunkt der Vorstandssitzung 1.400 Mitglieder stark war, wächst schnell eine Gemeinschaft von 16.000 Wissensarbeitern – und ein Ende ist nicht abzusehen. Heute ist LEX die größte Community im Telekom-Intranet, auf der betriebsfremde Lernfelder wie Qi Gong und Selbstverteidigung ebenso angeboten werden wie Kurse zu Agilen Organisationsformen

175

in der Produktion. Auf LEX finden passende Websessions statt, in denen Kollegen für Kollegen das Thema kurz und verständlich aufbereiten. „Nicht jeder, der etwas über Agilität wissen will, muss ja gleich zwei Tage auf ein Training gehen", sagt Georg Holzknecht, Mitarbeiter der Personalabteilung und einer von Awans frühen Mitstreitern. Bei LEX gibt es weder eine Anmeldepflicht, noch eine Übersicht über Mitarbeitende, die teilgenommen haben. „Wir zertifizieren nicht und wir bilden auch nicht aus", ergänzt Awan – auch das eine Abgrenzung zum offiziellen Weiterbildungs-Angebot der Telekom für ihre Mitarbeitenden. Manuel Kirailidis, ein weiterer Mitstreiter, sieht LEX auch als Plattform, die in rauen Zeiten Halt gibt: „Hier treffen sich Menschen, die gemeinsam lernen – das ist auch ein Weg aus dem Silo raus. Wir helfen Menschen, sich auch über den engen fachlichen Rahmen hinaus weiterzuentwickeln."

Mittlerweile haben auf der Plattform mehr als 2.500 Lern-Sessions mit über 70.000 Teilnehmern stattgefunden. Mehr als 500 freiwillig engagierte Experten teilen ihr Wissen, jeder kann auf sie zugehen, Interesse zeigen und sich in eine Lerneinheit einklinken. Betreut wird sie heute von einem 6-köpfigen Kernteam, einem Beirat aus 20 Telekom-Mitarbeitenden und insgesamt 100 engagierten Kollegen. Und Shakil Awan, den das Organisations-Chart des Telekommunikations-Giganten eigentlich bis April 2018 noch beim IT Business Partner Management verortet, wurde zu 70 Prozent von seiner eigentlichen Aufgabe freigestellt, um aus der einstigen Graswurzelinitiative ein florierendes Projekt zu machen – und heute als hauptamtlicher Qualification Manager „Informal Learning" auch offiziell für LEX voll verantwortlich zeichnet.

In seinem Blogbeitrag „LEX ist Lernspaß pur" beschreibt er, wie interessierte Kollegen gemeinsam in einer Websession Sketchnotes entwickeln. Sketchnotes? Die heute sehr populäre Kompetenz, Gespräche, Konferenzen, Keynotes mit kreativen Mindmaps im Comic-Stil zusammenzufassen, braucht doch eigentlich, so meint man traditionell denkende Manager raunen hören, kein Mensch (außer jenen, die davon leben)! Doch das Angebot traf offenbar einen Nerv: „Der Chat explodiert. Kollegen überhäufen sich mit Tipps und Tricks", schreibt Awan. Vernetzung, gemeinsam über Funktionsgrenzen hinaus Interessen und Kompetenzen teilen, Talente und Leidenschaften auch im Unternehmen einbringen: Was im organisationalen Lernprogramm eines unternehmensinternen Akademiebetriebes, der Budgets und Inhalte maximal steuert, nicht vorgesehen ist, bahnt sich hier seinen Weg aus der Organisation heraus.

Wem gehört die Weiterbildung?

Was hat die traditionelle Organisation dazu gebracht, die Initiative so sichtbar werden zu lassen? Ist das Thema Weiterbildung nicht „Eigentum" der Personalabteilung oder der Akademie? Diese Fragen könnte man in Hinblick auf einen traditionellen Konzern stellen. Aber die LEX Initiative zeigt, dass neue Wege nicht immer von der Altorganisation gebremst werden, selbst wenn es um Kernthemen wie die Personalentwicklung geht. „Wir haben immer viel Wert auf das Stakeholder-Management gelegt", erzählt Awan. Geschickt hat er die Verantwortung auf viele Schultern verteilt, legt Wert auf gemeinsame Entscheidungen über die Weiterentwicklung, und der neu geschaffene Beirat ist sichtbares Zeichen für eine sinnvolle Verzahnung mit der Regelorganisation.

Zudem: Die Initiative hat immer deutlich gemacht, mit LEX keinen „offiziellen" Bildungskanal zu betreiben. Die Angebote sind als „informelles Training" gekennzeichnet, die Teilnahme ist freiwillig (sowohl beim Geber als auch beim Nehmer), ein Konflikt mit der Mitbestimmung im Konzern konnte so vermieden werden. Ein wesentliches Argument für LEX ist dabei der leichte Zugang zu Wissen für jedermann. „Man kann mit jemandem, der was davon versteht, eine Session besuchen, ein Telefonat führen oder sich zur Mittagspause treffen. Wenn dieser Kollege das zehn Mal macht, wäre es doch schlauer, dass er einfach YAM nutzt und eine Websession dazu macht für alle, die das schon immer mal wissen wollten", beschreibt Holzknecht die Argumentation für LEX. Und Awan ergänzt, dass LEX einfach den Raum der Möglichkeiten für die Mitarbeitenden erweitert: „Heute noch Leitungsexperte, morgen vielleicht Coach" – mit der Plattform eröffnen sich neue Entwicklungsmöglichkeiten.

Wie konnte das Team sein Anliegen „soziales Lernen" in einem traditionellen Konzern so schnell auf eine breite Basis stellen? Auch Awan und seine Mitstreiter betonen, was wir von anderen Graswurzelinitiativen schon gelernt haben: Die Initiative wächst unter dem Radar, und erst als sie nicht mehr zu stoppen ist, kam die Aufmerksamkeit der oberen Führungsebene ins Spiel und die Erkenntnis (auch beim Vorstand), dass LEX sich zu einer als zukunftsweisend wahrgenommenen Plattform entwickelt hat: „LEX ist nicht der Platz an dem sich diejenigen tummeln, die sonst nicht wissen, was sie tun sollen, sondern der Platz, an dem Menschen selbstorganisiert und eigenmotiviert lernen. Das spiegelt auch die große Anzahl der Sessions wider, die eindeutig auf die gute Qualität der Inhalte schließen lässt!", betont LEX Mitstreiter Kirailidis. So ist es LEX gelungen, zur größten Community im Social Enterprise Network, dem Intranet der Deutschen Telekom, zu werden.

Das Beispiel zeigt, dass in traditionellen Großunternehmen, die Platz für Freiraum und Gestaltung gewähren, Mitarbeitende mit Eigeninitiativen Lücken füllen, die die Formalorganisation nicht erkannt und nicht besetzt hat. Anstatt die unkontrollierte Bewegung zu stoppen, wird sie gefördert, weil die Organisation ganz uneitel damit umgehen kann, dass eine gute, wirksame, das Unternehmen fördernde Idee eben auch aus der Mitte kommen kann. Im Fall von LEX bedeutet dies auch konkret, dass das Thema „Lernen", formal in der Regelstruktur in der betriebseigenen Akademie verankert, mit Vertrauen und Umsicht einen aus der Mitte kommenden Akteur verträgt.

Lückenfüller oder Gestalter

Wir haben lange diskutiert, welche Funktion Graswurzelinitiativen eigentlich erfüllen: Sind sie lediglich Lückenfüller, die Defizite im gut designten, bisweilen überregulierten Ablauf traditioneller Organisationen aufzudecken vermögen?

Wir meinen: Nein, das ist weder ihre alleinige Absicht, noch ihre Wirkung. Denn Regelungslücken füllt die traditionelle Führung meist selbst. Graswurzelinitiativen hingegen *hinterfragen* die gut geregelten Bereiche der gängigen Praktiken und Prozesse; häufig bieten sie ethisch-moralisch begründete Alternativen an. Führungskräfte entscheiden in Regelungslücken so konform wie möglich, so nah wie möglich an dem vermeintlichen Willen der eigenen Führungskraft. Graswurzelinitiativen sehen in Regelungslücken Chancen, Dinge neu zu denken – unabhängig von der Frage nach

Zuständigkeit und Position. Für manchen Entscheider fühlt sich das wie Chaos an; in jedem Fall ist es ein Bruch mit der hierarchischen Regel, nach der vor der Chance, etwas mitzugestalten, stets der Aufstieg in eine Führungsposition steht.

Die Graswurzelinitiativen in großen Organisationen, die wir im vorliegenden Buch beschreiben, haben die jeweilige Unternehmenskultur beeinflusst – manchmal mehr, sehr oft aber nur graduell wahrnehmbar. Denn in der Peripherie großer, internationaler, dezentraler Konzerne kommt oft erst nach Jahren an, was selbstorganisierte Initiativen weit weg im Hauptquartier begonnen haben. Ist das Entstehen dieser Initiativen deshalb wirkungslos, werden sie absorbiert von der Gesamtorganisation? Wir meinen: sie stören, sie reizen und sie zeigen Handlungsbedarf auf. Sogar aus gescheiterten oder gebremsten Initiativen, denken wir beispielsweise an die Zukunftsschwärmer von Bosch aus Kapitel 3.5 „Out of control: Die Bewegung erhält Gegenwind", entsteht Bewegung, und deren Auswirkungen verändern Menschen und Organisationen, im Denken, und vielfach auch im Handeln.

Systemisch betrachtet sind Graswurzelinitiativen damit so etwas wie Zeigerpflanzen: Spezies mit einer geringeren Toleranz gegenüber negativen Einflüssen auf die Lebensbedingungen. In der Ökologie geben Zeigerpflanzen unter anderem Hinweise auf Luftschadstoffe oder die Beschaffenheit des Untergrundes, auf dem sie wachsen. Sie gehören damit zu den sogenannten Bioindikatoren. Obstbäume beispielsweise gelten als Bioindikatoren für guten Boden: Wo Apfel oder Kirsche von selbst wurzeln und gedeihen, ist die Erde tendenziell fruchtbarer und ertragreicher, während man auf kargen Böden eher selten Obstbäume findet. Die sogenannten phänologischen Zeigerpflanzen wiederum sind Indikatoren für den Anbruch einer Jahreszeit: das Blühen des Schwarzen Holunders beispielsweise kündigt den Frühsommer an, jenes der Sommer-Linde ist ein untrügliches Anzeichen für den Anbruch des Hochsommers.

Genau so sind Graswurzelinitiativen gute Indikatoren für die Kultur des Unternehmens, in dem sie wachsen.

Die **Gründung einer Graswurzelinitiative** ist ein ziemlich untrügliches Anzeichen, dass es **Veränderungsbedarf**, Unwohlsein, mitunter sogar massive Missstände im Unternehmen gibt, die **aus Sicht** eines oder mehrerer **Mitarbeitenden verändert** gehören.

Moderne Unternehmen wie Sipgate zeigen, dass man dieses Unwohlsein in einer offenen Kommunikationsstruktur kanalisieren kann. Und dass man Organisationen so konstruieren kann, dass die kontinuierliche Verbesserung, das ständige Lernen voneinander und die Verlagerung von hierarchischen Prozessen in Teamstrukturen durch Schaffung anderer Interaktionsformate in der DNA verankert werden kann. Hier verhält sich die Gesamtorganisation in seiner Gesamtheit lebendig, fast wie eine Graswurzel selbst; und dort ist eine Bewegung aus der Mitte immer sofort sichtbarer und spürbarer Teil der Organisation ohne Umwege über Taktiken, Trojanische Pferde oder brauchbare Illegalität.

Für Großunternehmen sind durchgängige partizipative Organisationsformen kaum durchsetzbar. Aber wie das Beispiel der Telekom zeigt, gelingt es auch traditionellen Unternehmen, Freiräume zu gewähren, in denen engagierte Mitarbeitende dazu beitragen, dass sich die Organisation zukunftsgerichtet weiterentwickeln kann. Es mag, das ist wahr, nur ein kleiner Ausschnitt sein, der hier Beweglichkeit zeigt. Aber mit der großen Sichtbarkeit und der Anerkennung durch die formale Organisation, durch prominente Sponsoren und zahlreiche Freiwillige werden Beispiele geschaffen, die anderen Initiativen Mut machen.

So sind Graswurzelbewegungen nicht nur Zeigerpflanzen für Organisationsprobleme, Lücken und Versäumnisse. Da, wo sie erfolgreich sind, sind sie auch Indikatoren für eine noch gesunde Flora und Fauna in der Organisation – und für Selbstheilungskräfte der Organisation. Denn wenn sie wachsen und gedeihen, erst im Verborgenen, dann zunehmend sichtbarer bis hin zu einer letztlichen Verankerung in der formalen Organisation, haben sie zur Existenzsicherung der Organisation beigetragen.

4 Quo vadis, Graswurzelinitiativen und Unternehmenskultur?

„You have to systematically create confusion, it sets creativity free. Everything that is contradictory creates life."

Salvador Dalí

Graswurzelinitiativen in Organisationen – als Berater und Begleiter von Transformationsvorhaben in Unternehmen war dieses wachsende Phänomen zunächst neu. Waren unsere „Auftraggeber" in Unternehmen bislang Entscheider mit Budget und Projektplänen, so wurden wir in den vergangenen Jahren verstärkt Teil solcher Initiativen aus der Mitte, nämlich immer dann, wenn uns Menschen aus Unternehmen um Rat und Unterstützung fragten, die selbst keinen Auftrag zur Transformation hatten, sich jedoch durch unsere Expertise und Erfahrung einen Anschub ihrer Idee zur Veränderung in ihren Unternehmen versprachen. Das Phänomen begann uns mehr und mehr zu interessieren, wir wollten Prinzipien verstehen und beschreiben, womöglich auch Erfolgsfaktoren kondensieren und teilen. Als wir daher in Vorbereitung dieses Buches in unserem Netzwerk von Mitstreitern und Kollegen nach entsprechenden Beispielen fragten, erhielten wir sehr schnell sehr viele Hinweise auf solche Initiativen. Dabei gab es eine Reihe großartiger Ideen, zahlreiche Tänzer, einige Follower und manche Graswurzel – aber die große, kultur- oder gar organisationsverändernde, ja vielleicht sogar revolutionäre Bewegung blieb bei vielen Initiativen aus. Was kann also der Erfolg einer solchen Initiative sein, und können Menschen aus der Mitte heraus überhaupt, und sei die Graswurzelinitiative noch so erfolgreich, den großen Bauplan, die DNA der Organisation maßgeblich verändern, oder bleibt es maximal bei einer unter hohen Anstrengungen erwirkten Irritation, die zur graduellen Anpassung von Regeln und Prozessen führt?

Wenn wir unsere in Kapitel 2.2 „Was wir unter einer Graswurzelinitiative in Organisationen verstehen" vorgestellte Liste an Kriteri-
en anlegen, dann fehlt vielen der Initiativen, die wir kennenlernen
durften, eine oder gar mehrere Eigenschaften. In zahlreichen Fällen
handelte es sich um Aktionen, die zwar kurzfristig große öffentliche Aufmerksamkeit erhielten, aber das Werk einzelner Organisationsrebellen blieben, bei denen der oder die ersten Tänzer keine
Mittänzer fanden. So blieb ihre Initiative eine Einzelaktion, ihr
Sound ohne Widerhall. Tatsächlich unterscheiden sich die Agen-
den von Revolutionären und Graswurzelaktivisten grundlegend.
„Organisationsrebellen sorgen für Zerstörung", so drückt es der
Transformations-Mastermind Harald Schirmer von der Continental AG aus, „mit meinen Guides jedoch möchte ich für Veränderung aus der Mitte sorgen". Unser Verständnis: Graswurzelinitiativen sind etwas zutiefst Konstruktives. Wenn sie Altes verdrängen
oder diesem das Licht nehmen, dann nur, um an jener Stelle Neues
und Besseres wachsen zu lassen. Das Veränderungsprojekt ist nicht
Projektionsfläche einzelner Rebellen, die Stärke der Graswurzel ist
ihre Eigenschaft als Allianz der Veränderer.

Es geht um mitgestalten ...

Wenn wir weiterhin feststellen, dass Graswurzelinitiativen, die wir
in diesem Buch porträtieren, nicht alle Kriterien einer Bewegung
aus der Mitte erfüllen, dann geschieht dies auch in der Beobachtung, dass manche schon nah an einem offiziellen Auftrag, einige
sogar mit einem Auftrag gestartet sind. Ihre Leistung im Sinne der
Irritation der bestehenden Kultur lag darin, diesen Auftrag eigenmächtig abzuändern. Das Beispiel der selbstorganisierten Fertigung
bei Siemens – nämlich ein eigenes, teilweise nicht regelkonformes
Vorgehen bei der Umsetzung eines genehmigten Projektes – kann
hier genauso genannt werden wie die WOL-Initiative von Bosch,
bei der explizit ein Qualifizierungsprogramm für eine dezidierte
Zielgruppe zu entwickeln war und das Lernprogramm Working
Out Loud als Lösung seinen Weg in die Organisation fand. Gemein
ist den jeweiligen Initiatoren der Wille zur gemeinsamen Veränderung der gängigen Praktiken, und sie teilen vielfach auch die Liebe
für das eigene Unternehmen, womit ihr Wille zum Verändern zu
einem expliziten Akt der Erhaltung, und eben nicht der Zerstörung
wird.

... um Kommunikation ...

Manche mitarbeitergetriebenen Initiativen tragen den Stolz auf ihr Unternehmen weit in die sozialen Medien – von den Telekom-Kollegen, die das Markenzeichen #Werkstolz populär machten, über die #Influbenzer der Daimler AG bis hin zu den Initiatoren der #wirsindAUDI-Initiative aus den Ingolstädter Werkshallen. Diese Initiativen zeigen, wie wichtig Mitarbeitenden die Identifikation mit ihrem Unternehmen ist, wie sehr sich viele nach glaubwürdigen Narrativen aus der eigenen Organisation sehnen, auf die sie stolz sein können. Und das geht weit über den Stolz für die Produkte hinaus. Damit verweisen sie auf ein Defizit der Regelorganisationen in der internen Kommunikation, denn so mancher Entscheider hat im Restrukturierungsbemühen der letzten Jahrzehnte mit seinem starken betriebswirtschaftlichen Fokus – anders als viele gerade langjährige Mitarbeitende – gar nicht mehr präsent, was die Organisation im Innersten zusammen hält. Die Sehnsucht von Menschen jedoch nach positiven Zeichen von Zugehörigkeit, dem erkennbaren inneren Zusammenhalt und seiner äußeren Entsprechung im Ansehen des eigenen Unternehmens, welches ja viele nicht von ungefähr fast wie die eigene Familie betrachten, ist groß. Gleichwohl, Graswurzelinitiativen, die sich hier als wirksam erweisen, rütteln selten an den Grundpfeilern der Organisation, sie bergen vielmehr eine gewisse Gefahr, clevere Entscheider im grundlegend notwendigen Umbau aus der Pflicht zu nehmen. Denn dem berühmten Feigenblatt vergleichbar demonstrieren sie doch weithin sichtbar Mitsprache und Mitgestaltung, ohne die Formalorganisation fundamental zu verändern.

... und um die großen Werte- und Sinnfragen

Und schließlich gibt es noch einen deutlich fundamentaleren Eingriff in die Organisationsroutine durch Graswurzel-Initiatoren, nämlich dann, wenn sie die unternehmerische Praxis, strategische Entscheidungen, operatives Handeln oder auch das gelebte Wertsystem der Organisation kritisch hinterfragen oder an den Wertkodex des Gründers erinnern, so wie die kritischen Ingenieure der Robert Bosch GmbH, die „Zukunftsschwärmer" oder auch der Connected Culture Club bei der BMW AG. Hier gehen Akteure in der Regel bei vollem Bewusstsein noch einmal deutlich ins Risiko, Konflikte auszulösen, denn solcherlei Fragestellungen interessieren

185

schnell die Öffentlichkeit und gefährden im Zweifelsfall das Image und damit auch den wirtschaftlichen Erfolg des Unternehmens.

Zwischen den Extremen „Prozessoptimierung" oder „Optimierung von Kommunikationsstrukturen" und „offenes Hinterfragen von Sinn und Werten" gibt es sicher eine Reihe von „Grautönen". Was also können wir von diesen Menschen, die ohne Auftrag in Organisationen Impulse setzen und Veränderung voranbringen, lernen?

Nun, sicherlich geht es zunächst um den Mut Einzelner, sich mit ihrer anfänglich solitären Haltung in den Wind zu stellen, auf dass sich andere dazu gesellen können, die ebenfalls bekennen: Auch ich denke anders, du bist nicht allein. Und gemeinsam sehen wir es als unsere Pflicht an mitzugestalten, auch ohne Auftrag unsere Organisation weiterzuentwickeln.

Mut + Wissen = Schwungmasse

Oft braucht es nur einen kleinen Schritt auf der Tanzfläche, um eine große Bewegung auszulösen. Initial geht es dabei um den ersten Schritt von Mitarbeitenden ohne Gestaltungsauftrag, aus dem Schatten zu treten, Neues zu probieren, und zu hoffen, dass Mitstreiter das Potenzial erkennen und sich anschließen. Diese Macherinnen und Macher sind es, die Organisationen aus ihrer Mitte heraus verändern können. Dass es unter den rund 40 Millionen Arbeitnehmern in Deutschland nur ein paar Hundert gibt, die die Initiative ergreifen, liegt einerseits am Mangel an Mut und Wissen, aber auch am bewussten Festhalten an alten Strukturen durch Mitarbeitende, Führungskräfte oder Arbeitnehmervertreter, selbst wenn es bereits lichterloh brennt, Handlungsfelder offenkundig werden.

Viele von ihnen ahnen vermutlich nicht, wie groß ihre Freiräume wären, wenn sie sie sich denn nur nehmen würden.

In **unseren Gesprächen** in Organisationen merken wir, dass **gute Ideen** vor allem deshalb **nicht erprobt** werden, weil die Kollegen **annehmen,** man **würde sie ohnehin nicht lassen**.

„Habt Ihr es denn mal ausprobiert?", fragen wir und bekommen häufig zu hören: „Nein, wir wissen ja, dass das nicht zugelassen wird". Das Wissen um diesen angeblich nicht vorhandenen Spielraum, so stellen wir fest, stammt oft vom Hörensagen, es entpuppt sich allzu oft als gut gepflegte Legende, der niemand etwas entgegenzusetzen versucht. Und manchmal liegt es auch daran, weil dies bedeuten würde, die eigene Komfortzone zu verlassen.

Ziehen nun alle Deutschen erst eine Bahnsteigkarte, wenn sie die Verhältnisse auf dem Bahnsteig ändern wollen – so wie Lenin seinerseits zitiert wurde? Unsere Beispiele zeigen: Ein mutiger Einzeltänzer kann darauf vertrauen, dass ihm Andere folgen. Er macht Mittänzer zu Mitgestaltern, sie sorgen gemeinsam für Kommunikation und Zusammenhalt, für Sponsoren und zuletzt, um im Graswurzelbild zu bleiben, für „Licht von Oben". So wird daraus eine schwungvolle Bewegung ganz im Sinne Gary Hamels, des Managementberaters und -Vordenkers.

187

So lautet sein Rat an Mitarbeitende von Unternehmen:

„Beschwere Dich nicht beim Chef, sondern finde eine Handvoll Kollegen, denen es genauso geht. Probiert gemeinsam und ohne viel Aufhebens Hypothesen aus. Wandel geht auch ohne grünes Licht vom Chef und ohne großes Budget."

Was aus ihnen geworden ist …

Die Akteure in unseren Beispielen haben sich diesen Rat zu Herzen genommen. Waren sie erfolgreich, gemessen an ihren Kriterien, gemessen an der Veränderung, die sie aus Organisationssicht bewirken konnten? Hier exemplarisch zwei Initiativen, die einen sehr gegensätzlichen Verlauf genommen haben.

Zukunftsschwärmer: Zwischen Moral und Wirtschaftlichkeit

Schauen wir nochmal zurück auf die Zukunftsschwärmer, jene kritischen Ingenieure, die 2015 gestartet waren, um ihren Auftrag als technologische Gestalter unter dem Gesichtspunkt der gesellschaftlichen Verantwortung auf den Prüfstand zu stellen. So lautete ihre Frage, ob ihre tägliche Arbeit eigentlich noch mit den Werten ihres Unternehmens im Einklang stand: Kann es richtig sein, im Prüfstand Diesel-Motoren zu optimieren im Wissen, dass sie im Alltag ein ganz anderes Schadstoff-Verhalten aufweisen? Ist die Fokussierung auf vergleichsweise legere Vorschriften legitim, wenn dadurch die Suche nach wirklich emissionsarmen Alternativen in den Hintergrund rückt? Hat der Verbrennungsmotor überhaupt eine Zukunft?

Es sind Fragen, die an den Grundfesten des Unternehmens rühren. Denn Bosch lebt bekanntlich von und mit einer Branche, deren Existenz weitgehend am Verbrennungsmotor und damit einer Technologie hängt, die in Zeiten von Feinstaubsmog und Klimawandel zu Recht infrage gestellt wird. Den Zukunftsschwärmern aber war der Kodex ihres Unternehmensgründers Robert Bosch bewusst, der zitiert wird mit: „Eine anständige Art der Geschäftsführung ist auf die Dauer das Einträglichste, und die Geschäftswelt schätzt eine solche viel höher ein, als man glauben sollte." Mit wachsender Verunsicherung beobachteten die Zukunftsschwärmer, wie die kurzfristigen wirtschaftlichen Zwänge des Unternehmens mit diesem Kodex im Konflikt zu geraten drohten.

Die Geschichte der Zukunftsschwärmer, die wir in unserem Buch erzählt haben, ist für uns auf mehrfache Weise ein Lehrbespiel. Zum einen zeigt sie, wie heftig die Immunreaktion einer Organisation eine Graswurzelinitiativen treffen kann und welches Risiko einzelne Akteure auf sich nehmen. Sie zeigt aber auch, dass Graswurzelinitiativen, die bereits eine ausreichend große Basis gewonnen haben, selbst durch einen Ausschluss von Initiatoren nicht mehr gestoppt werden können. Die Zukunftsschwärmer zählen heute 1.600 Mitglieder, und so wie es scheint, gehen sie gestärkt aus ihrem Wirken hervor, das Handeln des Unternehmens zu hinterfragen und zu verändern – auch wenn der „First Dancer" dem Anschein nach der Immunreaktion des Systems zum Opfer gefallen ist.

Siemens Grains: Zwischen Ernüchterung und Neubeginn

Spricht man gut zwei Jahre nach Gründung mit den Akteuren der Grains bei Siemens, wird schnell deutlich, wie allein das gemeinsame Lernfeld die Haltung jedes einzelnen Mitglieds verändert hat. Die Grains haben sich Mitte Oktober 2019 in feierlicher Zeremonie aufgelöst. Offenkundig war es auf Dauer nicht gelungen, neben den alltäglichen Aufgaben und gegen den Widerstand einiger Führungskräfte genug Energie für die gemeinsamen Aktivitäten aufzuwenden. Einige zentrale Grains-Masterminds haben das Unternehmen verlassen, ein weiterer Grund für das Fehlen der

Schwungmasse, um ausreichend Bewegung zu erzeugen. Was ist also geblieben – Ergebnislosigkeit, ein kurzes Auflodern von Neuer Arbeit und Rückfall in die Routine alter Strukturen?

Die Beteiligten, mit denen wir gesprochen haben, blicken mit einer bemerkenswerten Wehmut auf die hinter ihnen liegende Aufbruchsstimmung zurück. Im Netzwerk hatten sie Gleichgesinnte gefunden und Impulse auch für die tägliche Arbeit erhalten, die ihnen im Regelbetrieb oder bei einer standardisierten „Entwicklungsmaßnahme" vermutlich eher nicht zuteil geworden wären. Und auch heute noch machen ehemalige Grains-Mitglieder ihrem Namen alle Ehre: Auch ohne den offiziellen Grains-Schirm tragen einige von ihnen die Themen, die Mission rund um neue Formen der Entscheidungsfindung, Arbeiten auf Augenhöhe, effizientere Formen der Abstimmung und Arbeitsorganisation in ihr alltägliches Arbeitsumfeld zurück und halten die Ideen neuer Formen von Führung, Entscheidung und Zusammenarbeit durch stetige Diskussion im internen sozialen Netzwerk am Leben.

Ein ehemaliges Grains-Mitglied aus Berlin drückt es so aus: „Auch wenn die Wirkung der Grains nach traditionellen Kriterien nicht messbar ist, habe ich dieser Community viel zu verdanken. Ich verstehe und mache meinen Job heute ganz anders als vorher. Ich habe viel mehr Mut, Dinge zu hinterfragen und die Initiative zu ergreifen, wenn es mir nötig erscheint. Wir sprechen jetzt auch in meinem direkten Umfeld über Unternehmenskultur und ein anderes Miteinander im Unternehmen. Diese Kriterien zählten in früheren Zeiten gar nicht, da lag der Fokus immer auf Produktivität."

Was bleibt: Fußspuren im System

Unsere Geschichten zeigen, dass diese Freiräume meist ebenso unvorhersehbar wie unkontrollierbar sind, aber gleichzeitig durchaus dem höheren Ziel des Unternehmens dienen. Laszlo Bock, der frühere Senior Vice President von Google und Gründer von Humu, hat das richtige Maß des Freiraums einmal so definiert: „Gib Deinen Leuten ein bisschen mehr Vertrauen, Freiheit und Macht, als Dir angenehm erscheint." Seine Faustregel: „Wenn Dich das alles nicht nervös macht, hast Du ihnen noch nicht genug davon gegeben." Dort, wo Entscheider diesen Mut beweisen, entstehen Räume für

190

Eigeninitiative und letztlich für Möglichkeiten, die Graswurzelinitiativen möglich machen.

In Zeiten von zunehmender Komplexität, in der unerwartet „Schwarze Schwäne" auftauchen werden, wie Nassim Taleb sie nennt, gerät Hierarchie und Planung ins Wanken. Wenn unveränderlich geglaubte Rahmenbedingungen sich in kürzester Zeit wandeln, sich scheinbar eherne Ursache-Wirkungs-Zusammenhänge im Ungewissen auflösen, sind automatisch jene Organisationen im Vorteil, die auf mehr Vernetzung, Agilität und Entscheidungsfreiheit setzen. Dort, wo Freiräume bestehen, können Experimente zeigen, welche Anpassungsstrategien in komplexen Zeiten erfolgversprechend sind – und welche nicht.

Und die Entscheider, die Führungskräfte, Vorstände, Kontrolleure, Planer und Überwacher? Ja, loslassen ist erlernbar. So ist es zwar nicht überraschend, wenn dies nach gelernter Logik von Befehl und Kontrolle in festgefahrener Hierarchie mit Individualzielen und dem dazugehörigen Belohnungssystem schwerfällt. Denn getan wird, was Erfolg verspricht, und eine starke, ordnende, regelnde Hand versprach viele Jahrzehnte lang den maximalen (wirtschaftlichen) Erfolg insbesondere für die Shareholder. Umso mehr möchten wir Führungskräften aufrufen, Freiräume zu gewähren, vielleicht sie sogar aktiv zu eröffnen. Mitarbeitende zu ermutigen, diese Freiräume angstfrei zu nutzen, ist das Rezept für das Überleben in komplexen Zeiten, in denen wir Organisationen nicht mehr mit Kommando und Kontrolle top-down führen können, sondern in der wachsenden Dynamik unserer Umwelt Entscheidungen dort zulassen müssen, wo auch die Herausforderung auftritt.

Ist der Freiraum und das Gewährenlassen von Graswurzelinitiativen nun eine Erfolgsgarantie für Veränderung? Sicher nicht. Wir haben jedoch überraschend viele Führungskräfte und Vorstände kennengelernt, ob von der Deutschen Messe AG oder der Telekom, die klar kommunizieren:

Wir werden **Veränderungen** immer weniger **top-down** treiben können, wir müssen auf das **Potenzial der Veränderung aus der Mitte** setzen, wenn wir als **erfolgreiches Unternehmen** in komplexen Zeiten weiterhin eine Rolle spielen wollen.

Gleichwohl stehen wir, was die Freiräume, wie auch den Mut in Organisationen angeht, erst am Anfang und sammeln erste Erkenntnisse über die Energie aus der Mitte: Was wäre also, wenn Akteure aus der Mitte nachweisen könnten, dass sie mehr Wirkung erzeugen, mehr konstruktive, gestaltende Energie mobilisieren können, als die traditionell vom Management verordneten, vielfach als wirkungslos geschmähten Veränderungsprogramme? Was wäre, wenn Bewegung aus der Mitte nicht bekämpft, sondern begrüßt würde, wenn es Unternehmenslenkern gelänge, weniger Kontrollverlust und viel mehr Chance darin zu sehen – um gemeinsam die viel größeren Herausforderungen einer globalisierten, deregulierten, komplexen Zukunft nachhaltig zu meistern?

Wir können die Zukunft nur erahnen, aber eines wissen wir schon heute: Das Phänomen der Bewegung aus der Mitte wird durch Unternehmenslenker nicht mehr zu stoppen sein, zu demokratie-sozialisiert, zu sinn-suchend, zu werte-orientiert sind die Mitarbeitenden bereits heute und noch vielmehr morgen. Und das ist auch gut so, denn nie war die Zeit reifer für ungewöhnliche Lösungen. Unternehmen können mit geeinten Kräften damit viel erreichen. Das ist, zugegeben, keine Revolution. Aber es sind genau diese Wurzeln, die die Kraft haben, wirklich zu bewegen.

Wir möchten daher Führungskräften wie auch potenziellen Graswurzel-Initiatoren zurufen: Probiert es einfach aus! Sucht Euch Mitstreiter! Nutzt die Medien und Kommunikationskanäle, die Euch heute zur Verfügung stehen, um Euch abzustimmen und um voneinander zu lernen! Und dann fangt an zu tanzen. Hier und jetzt. Die Musik läuft bereits, Ihr müsst Euch nur noch zu bewegen beginnen.

Nachwort: Handeln ohne Auftrag, oder: Was Organisationen gar nicht mögen, Platz 1

Eine organisationssoziologische Einschätzung von Judith Muster, Organisationssoziologin an der Uni Potsdam und Partnerin bei der internationalen Beratungsagentur Metaplan

Dass Mitglieder in Organisationen den Wunsch entwickeln sich mehr einzubringen, oder anders vorzugehen, als es ihnen im Rahmen ihrer Rolle erlaubt ist, war vermutlich bereits seit den Schöpfungstagen moderner Organisationen beobachtbar. Deswegen kann man sich auf eine recht umfangreiche Forschung stützen, wenn man das Handeln ohne Auftrag in Organisationen einer Bewertung unterzieht. Kurz gesagt: Es ist beinahe immer problematisch. Auch die Idee, aus großen Gruppen – als Graswurzelbewegung – Veränderungen anzustoßen, hat ein paar Schwierigkeiten. Dieser Epilog soll den drei vielleicht größten Problemen gewidmet sein: 1) dass Gruppenbildungen in Organisationen eher Stabilität als Veränderung erzeugen, 2) dass nicht die Größe, sondern die Vernetzung innerhalb einer Gruppe entscheidend für ihre Auswirkung auf die Organisation ist und 3) dass die Kraft, die Veränderungen anstoßen kann, nicht in besonderen Eigenschaften von Personen liegt, sondern in den Ressourcen, die die Organisation ihren Mitgliedern zur Verfügung stellt.

Problem 1: Gemeinsam verändern wollen kann Stillstand erzeugen

Wenn sich Unzufriedene zusammentun, durch Zufall in der Kaffeeküche oder geplant auf einer digitalen Plattform, und alle Ideen mitbringen, was sich in ihrer Organisation ändern muss; was sofort aufhören, beginnen, oder umgeleitet werden muss – dann kann der Eindruck entstehen, dass jetzt etwas ins Rollen kommt, dass Bewegung in die Organisation kommt und sich vielleicht sogar eine kleine Revolution zusammenbraut. Besonders wenn man selbst Teil einer solche Gruppen von Unzufriedenen ist, und dadurch die Situation nicht von außen beobachten kann, liegt dieser Schluss nahe. Durch die Forschung an Organisationen ist aber bekannt, dass diese Gruppen selten den Schritt machen, von der Beschreibung von Problemen oder der Prognose von Schwierigkeiten wegzukommen und diese stattdessen anzugehen. Die Leistung dieser Gruppen scheint vielmehr darin zu bestehen, allen Dazugehörigen einen Raum zu geben, wo sie unter Gleichgesinnten über die falschen Entscheidungen in der Organisation den Kopf schütteln können. Das macht es ihnen leichter zu ertragen, dass sie auf diese Entscheidungen keinen Einfluss haben. Das Stattfinden dieser Entlastung stabilisiert aber schließlich den Status Quo in der Organisation: Da durch den Austausch mit Gleichgesinnten die Umstände erträglicher werden, müssen die einzelnen Mitglieder keinen Veränderungsprozess anstoßen, der – unabhängig des Ziels – in der Regel schmerzhaft und mit hohen (sozialen) Kosten verbunden ist.

Problem 2: Stabile Wurzel schlägt große Grasfläche

Wem das nicht reicht, und mehr als Entlastung will, ist gut beraten, sich nicht auf ein möglichst verzweigtes Netzwerk zu stützen, sondern strategisch Kontakte zu knüpfen und zu nutzen. „Strategische Cliquen", wie der Soziologe Niklas Luhmann sie nennt, basieren auf der gegenseitigen Unterstützung ihrer Mitglieder bei der Verfolgung ihrer Ziele in der Organisation. Es geht dabei nicht nur um egoistische Ziele, die sich als Arbeitserleichterungen, Beförderungen oder den besten Parkplatz der Firma manifestieren. Strategische Cliquen können auch altruistisch sein und zum Wohle aller die Organisation verändern wollen. Zentral ist dabei: Je umfassender und weiter die Ziele einer solchen Clique sind, umso stabiler muss sie sein, also: Es muss umso klar sein, wer dazugehört, und wer nicht. Die Mitglieder der Clique müssen sich aufeinander verlassen können, vor allem wenn es um sensible Angelegenheiten geht. Und Veränderungen in Organisationen anzustoßen, ist immer eine sensible Angelegenheit. In diesem Buch wurden Beispiele gezeigt, wie es funktionieren kann: Das vorsichtige Identifizieren von möglichen Unterstützerinnen und Unterstützern, die gezielte, persönliche Ansprachen, und eine strikte Informationspolitik, sorgen z.B. dafür, dass das Anliegen „unter dem Radar" bleibt. Nur so wird es möglich, die Entscheidungsprozesse im Sinne einer kleinen, strategischen Clique zu lenken.

Problem 3: Nur wer eine Bühne hat, wird beim Tanzen auch gesehen

Dies kann gleichzeitig Problem und Hoffnungsgeber sein: Um eine Veränderung in einer Organisation anzustoßen, „First Dancer" zu sein, wie es hier besprochen wird, muss man keine besondere Persönlichkeit haben. Ohne Frage sind die hier vorgestellten Geschichten und ihre Akteur*innen besondere Leute, deren Beispiel inspirierend sein kann. Aber die Impulse, die sie in die Organisation gegeben haben, waren weniger erfolgreich wegen ihren persönlichen Eigenschaften, sondern wegen der Ressourcen – in diesem Bild, der Bühne – die die Organisation ihnen zuvor gestellt hatte. Wenn z.B. die Ressource 25 Jahre Betriebszugehörigkeit mit sichtbaren Vorstößen auf der Karriereleiter gepaart wird, kann man das für sein Anliegen nutzen.

Ebenso wertvoll sind Kontakte in der Organisation, die ein Mitglied aufgrund seiner Rolle unterhält. Wer Schnittstellen zwischen Bereichen einnimmt, kann bewusst Diskurse setzen und Personen miteinander bekannt machen. Was ebenfalls hervorragendes Baumaterial für eine Bühne darstellt, ist ein eigenes Aufgabengebiet, dessen Bewältigung im besten Fall noch Fachwissen erfordert und man sich so außerhalb der Reichweite von Kritik aufhält. Und schließlich, aber auf keinen Fall zu unterschätzen, ist das Wissen darum, was in der Organisation erlaubt, was verboten und was Grauzone ist. Wer diese Ressourcen geschickt einsetzt, kann auch ohne anfänglichen Auftrag viel in Bewegung setzen.

Was hiermit nicht angezweifelt werden soll, ist dass das Wissen um viele Gleichgesinnte die Fähigkeit hat, die Einzelnen zu beflügeln. Aber der organisationssoziologische Blick hat es sich zum Markenzeichen gemacht, im wahrsten Sinne des Wortes – gefühllos – zu operieren und nicht auf die Einzelnen zu schauen, sondern etwa auf das Geflecht der Rollen. Und bei diesem Blick wird klar, dass eine Idee, Veränderung, oder Innovation noch so gut sein kann für eine Organisation oder ihre Mitarbeitenden. Sie wird keine Umsetzung erfahren, wenn man sie nicht durch den mühseligen und oft schmerzhaften Weg der Formalstruktur schickt.

Wer also ohne Auftrag in der Organisation handelt und den Zustand nicht zu verändern versucht, entscheidet sich für den bequemen, organisationalen Tod. Danach ist es möglich, süffisant darauf hinzuweisen, dass man es besser wusste, ohne sich um die Umsetzung kümmern zu müssen. Wer mehr, etwa einen nachhaltigen Veränderungsimpuls setzen will, hat nur eine Lösung: Sich schleunigst einen Auftrag besorgen.

Kurzfragebogen für Graswurzelakteure: Katharina Krentz, Robert Bosch GmbH

Wie sah der Initiationsfunke aus, der Eure Initiative entzündet hat? Was stand ganz am Anfang?

Die Erkenntnis, dass Bosch die WOL-Methode gut gebrauchen kann und sie sehr gut in unser Enabling-Portfolio für die digitale Transformation passt (globale Mitarbeitervernetzung intern und mit extern, virtuelle Zusammenarbeit über Kollaborationsplattform, strukturierter und zielgerichteter Austausch von Wissen, Kommunikation über Social Media). Ich war gerade im Selbstversuch in einem der ersten WOL-Circles in Deutschland im Mai 2015, und in der Circle Woche 3 kam mir diese Erkenntnis. Zusammen mit einer Kollegin haben wir dann die ersten Piloten auf den Weg gebracht und das Thema gestartet.

Wodurch, wann und wie kamst Du zur Initiative?

Erst nach unserem ersten WOL-Event im November 2015 mit John Stepper, basierend auf der großen Nachfrage der Teilnehmenden und den vielen neuen Circles, die wir nach dem Event starten konnten. Mir wurde klar, dass wir für die Unterstützung der Teilnehmenden Struktur aufbauen müssen – und dass in WOL mehr steckt als nur die WOL-Circle-Methode. Da ich selbst Projektleiterin bin, war mir sofort klar, dass es sich nicht um ein klassisches Projektthema handelt, und so entschied ich mich für die Gründung einer Initiative.

Warum gibt es gerade diese Initiative in Deinem Unternehmen? Wie würdest Du den blinden Fleck/das Problem/die Herausforderung beschreiben, die Ihr mit Eurer Initiative adressiert?

Das kann ich nicht sagen – es hat einfach funktioniert, WOL verbreitet sich. Nicht nur die Methode, sondern auch das Wissen um die Haltung und die Fähigkeit. Etwas, das für Mitarbeitende funktioniert und weder „top-down verordnet" oder „ausgerollt" wird, kommt gut an. Zudem wird es aktiv von vielen verschiedenen Akteuren*innen vorgelebt, die alle Merkmale von Diversität erfüllen und von denen sich viele inspiriert fühlen.

Wir zeigen, dass WOL wirklich funktioniert und vielfältig Mehrwert auf unterschiedlichen Ebenen bietet. Zudem macht die Methode Spaß und es gibt nichts Negatives zu berichten, außer, dass sie nicht für jede*n geeignet ist.

? Hast Du vorher schon einmal etwas Ähnliches gemacht (und wenn ja: wie und wo)?

Ich war vorher schon gut vernetzt und habe durch mein großes internes und externes Netzwerk aus dem NewWork/Digital Workplace Umfeld vermutlich die besten Startvoraussetzungen für eine solche Initiative gehabt. Aber es war nie geplant, dass sie so groß und erfolgreich wird – und ich habe noch nichts Vergleichbares zuvor gemacht.

? Dein Tipp: Wie gewinnt, wie begeistert man Kollegen für ein Projekt wie Eures?

Indem man aufzeigt, welche Herausforderungen adressiert werden bzw. welche Probleme man damit löst, was man lernen kann, welche Mehrwerte andere damit erreicht haben, wie einfach es ist und wie viel Spaß es macht. Menschen beteiligen sich, wenn sie ein Eigeninteresse am Thema haben: wenn sie mitmachen <u>wollen</u> – <u>können</u> und <u>dürfen</u>.

? Von welchen Initiativen/Bewegungen habt Ihr Euch inspirieren lassen?

Mich hat stark das Video „Leadership Lessons from a Dancing Guy" geprägt. Aber als ich mit WOL im Unternehmen gestartet bin, war ich die erste – und für fast ein Jahr (bis Mitte 2016) auch die einzige. Ich wurde sogar angegriffen für meine Idee, WOL ins Unternehmen zu bringen, da die Methode ursprünglich für Privatpersonen und das private Umfeld konzipiert war.

❓ Wo habt Ihr Euch (extern) schlau gemacht und/oder Unterstützung geholt?

Extern gab es erst mit der Gründung des „WOL-Deluxe"-Circles (Teilnehmer von Daimler, Siemens, Audi, Dt. Bank, Bosch, die WOL im Unternehmen einführen wollten) Mitte 2016 Unterstützung, davor war die Methode nahezu unbekannt bzw. die Akteure nicht sichtbar. Die ersten Akteure, die im Mai 2015 die Methode in Deutschland ausprobiert haben, waren nicht davon überzeugt, dass WOL in Unternehmen funktioniert bzw. hatten andere Interessen rund um WOL.

❓ Wie und bei wem habt Ihr intern Unterstützung organisiert?

Ich habe mir nach dem Erfolg des ersten Events im November 2015 intern bei Bosch Unterstützung geholt und im März 2016 ein erstes, aus sechs Personen bestehendes CoCreation Team initiiert. D. h. Kollegen und Kolleginnen, die wie ich von der Methode begeistert waren, die allerdings ganz unterschiedliche Talente haben und die mit mir zusammen das Thema vorantreiben wollten.

❓ Wie lässt sich die Haltung des Unternehmens insgesamt zu Eurer Initiative in drei Sätzen zusammenfassen?

Jede*r hat die Möglichkeit, bei Bosch etwas zu verändern, wird gehört und kann seine Ideen einbringen.

Wir freuen uns über solche Initiativen, die nachweislich Mehrwert bringen und die für viele Mitarbeitende funktionieren. Denn nur gemeinsam können wir das Unternehmen weiter voranbringen.

Ein Interview mit dem Schirmherrn Christoph Kübel (CHRO) zeigt dies deutlich: https://www.bosch-presse.de/pressportal/de/de/interview-working-out-loud-bei-bosch-137280.html

❓ Wie ist die Haltung der Führungskräfte?

Ich kenne viele, die an WOL-Circles teilgenommen haben und die Methode schätzen. Oder die an der Adaption „WOL for Leaders" teilgenommen haben, ein 1:1 Reverse Mentoring Programm, das flexibler ist, aber die gleiche Haltung und Netzwerkmechanismen erlebbar macht. Wir erleben viel Unterstützung, siehe auch das Interview von Christoph Kübel. Allerdings wünsche ich mir mehr Aktivität und Einsicht von Führungskräften allgemein zu den Themen vernetztes Arbeiten und lebenslanges Lernen bzw. NewWork. Hier gibt es noch viel zu tun!

Die überraschendste Reaktion überhaupt:

Dass wir für unsere Pionierarbeit mit dem Team den New Work Award 2019 gewonnen haben – und die vielen, sehr herzlichen Gratulationen aus dem eigenen Unternehmen. Allen voran von unserem Schirmherrn, der den Preis gleich mit auf eine Geschäftsführersitzung genommen und stolz darüber berichtet hat.

Die beste Idee Eures Projektes war:

Das Thema als Initiative, und nicht als Projekt, aufzusetzen und mit einem Team aus motivierten Kollegen*innen voranzutreiben. Dank zwei mutigen Führungskräften (danke Felix und Dennis!) konnten wir WOL als Teil eines zentralen Projektes und dann eines Innovations-Bereichs aufbauen und vorantreiben, und hatten dafür die nötige Gestaltungsfreiheit und Ressourcen.

Auf einer Skala von 0 bis 10: Wie weit seid Ihr Eurem Ziel nahegekommen?

Eine 4. Unser Ziel ist es, dass ca. 25 Prozent der Mitarbeitenden im WOL-Stil arbeiten bzw. unsere Führungs- und Zusammenarbeitsprinzipien im Arbeitsalltag leben. Wir sind auf einem guten Weg, denn 97 Prozent der Teilnehmenden empfehlen die Methode weiter, aktuell (Stand Januar 2020) haben sich knapp 6.000 Kolleginnen und Kollegen der Initiative angeschlossen. Durch internes Partnering und die aufgebaute Struktur sind wir gut aufgestellt, hier weiter Fortschritte zu machen.

Was hat Euch ermutigt, was eher demotiviert?

Das Feedback und die Geschichten der Teilnehmenden motiviert uns, dran zu bleiben und sowohl die Methode als auch die Initiative zusammen mit John weiterzuentwickeln. Und zu sehen, dass nahezu alle Großunternehmen und immer mehr KMUs sich der WOL-Bewegung anschließen.

Demotivierend ist es, dass wir bis heute erklären müssen, warum wir keine typischen Managementkennzahlen erheben können bzw. wollen. Individuelle Lern- und Veränderungserfolge sind nur schwer objektiv messbar, und in großen Unternehmen dauert es lange, bis Effekte wirklich sichtbar werden.

? Welches war der Moment, in dem Du realisiertest, dass Ihr mit Eurem Anliegen durchstartet?

Als immer mehr andere Unternehmen WOL-Circles gegründet haben und intern die Nachfrage immer größer wurde, ca. ein Jahr nachdem wir gestartet sind. Als dann die Zeitschrift *managerSeminare* das erste Interview mit uns gemacht hat, wurde mir klar, dass hier wirklich etwas Großes entstehen kann.

? Was hat Euch letztlich zum Durchbruch verholfen?

Das Feedback und die Geschichten der Teilnehmenden. Damit wurde klar, was WOL bewirkt und wie es ins Enabling-Portfolio passt. Als wir dann mit unserem Trainingscenter einen Modus Operandi gefunden haben und uns der CHRO seine Schirmherrschaft zugesagt hat, war klar, WOL und die WOL-Initiative gehen nicht mehr weg.

? Dein wichtigster Rat für jemanden, der in einem anderen Unternehmen etwas Ähnliches (wenn auch mit anderem Ansatz/Thema) startet?

Ein Thema/eine Methode nicht zum Selbstzweck anbieten, sondern klar aufzeigen, wie diese als Enabler für aktuelle Herausforderungen im Unternehmen dienen kann. Dann unbedingt eigene Erfahrungen sammeln und sich mit Erfahrenen austauschen. Denn WOL ist sehr viel mehr als nur eine persönliche Lernreise durch die Social-Media-Welt. Wir sehen zwölf konkrete Anwendungsfälle, in die WOL direkt einzahlt. Diese gilt es zu beachten und die Kommunikation des Why-What-How rund um WOL darauf anzupassen, wenn man nachhaltigen Erfolg damit haben will.

❓ Was würdest Du beim nächsten Mal anders machen?

Ich würde mir und meinen Ideen schneller vertrauen und mir selbst mehr zutrauen. Früher für meine Meinung eintreten und diese sichtbar machen. Und ich würde früher auf interne potenzielle Partner zugehen, wie z. B. das Trainingscenter, das Diversity Projekt, Personalentwicklung und Onboarding-Verantwortliche, denn daher kommt die strategische Verankerung. Graswurzelbewegungen sind toll, nur brauchen sie auch Licht von oben, in Form von Ressourcen und Legitimierung bzw. Rahmenbedingungen, die unterstützen und evtl. sogar Sicherheit bieten.

❓ Wie geht es für Euch weiter?

Da bin ich selbst gespannt. Die Initiative wird jetzt im zentralen HR Transformation Bereich verankert, das bedeutet andere Rahmenbedingung für die Initiative, andere Stakeholder, andere Ressourcen. Das CoCreation-Team wird auch weiterhin gemeinsam die Initiative vorantreiben und die Brücke nach außen und zu anderen WOL-affinen Unternehmen für den Austausch bilden. Denn gemeinsam können wir die Methode weiterentwickeln und somit alle mehr damit erreichen.

❓ Wie geht es für Dich weiter?

Auch das weiß ich selbst nicht genau, ich bin gespannt, was dieser Wechsel mit sich bringt. Ich freue mich auf jeden Fall auf neue Herausforderungen und bleibe dem Thema WOL auch zukünftig treu. Durch meine nebenberufliche Selbstständigkeit kann ich hier weiterhin einen Beitrag leisten und WOL in anderen Unternehmen unterstützen und voranbringen.

❓ Zum Schluss: Bitte ein Satz zu Dir, Deinem Job, Deiner Aufgabe im Unternehmen und in der Graswurzelinitiative. Danke!

Aktuell (Stand Februar 2020) habe ich zwei Jobs: Ich bin im Bereich IoT, Digitalization & Innovation und leite dort hauptberuflich die Working Out Loud @ Bosch Initiative, die 2015 als Graswurzelinitiative gestartet und heute bei Bosch strategisch verankert ist. Hier arbeite ich mit zwölf wunderbar diversen Kollegen*innen im

CoCreation-Team zusammen, unterstützt durch die Netzwerke der WOL-Ambassadoren und WOL-Circle-Mentoren.

Im Nebenberuf habe ich mich mit „Katharina Krentz – Connecting Humans" selbstständig gemacht, um andere Unternehmen bei den Themen Mitarbeitendevernetzung, netzwerkbasierte Zusammenarbeit und neue Arbeitsmethoden, virtuelle Teamorganisation und -führung, Community Management und Working Out Loud zu unterstützen.

So kann ich alle meine Herzensthemen ausleben, mich selbst weiterentwickeln und Gutes bewirken, was für mich der Kern der heutigen Arbeitswelt ist und mich erfüllt.

Kurzfragebogen für Graswurzelakteure: Karsten vom Bruch

? Wie sah der Initiationsfunke aus, der Eure Initiative entzündet hat? Was stand ganz am Anfang?

Am Anfang stand die Erkenntnis, dass es viele Menschen im Unternehmen gibt, die zwar mit höchster Motivation Dinge bewegen möchten, sich dabei aber wirkungslos und alleine fühlen. Sie reiben sich auf und resignieren. Viele von ihnen haben das Unternehmen irgendwann verlassen.

? Wodurch, wann und wie kamst Du zur Initiative?

Ich musste feststellen, dass auch ich mit vielen Entwicklungen unzufrieden war und positive Anregungen geben wollte. In meiner Rolle als Betriebsratsmitglied konnte ich das aber nicht mehr bewirken, und so habe ich mir und anderen im Intranet der Firma eine neue Plattform zum Austausch geschaffen.

? Warum gibt es gerade diese Initiative in Deinem Unternehmen? Wie würdest Du den blinden Fleck/das Problem/die Herausforderung beschreiben, die Ihr mit Eurer Initiative adressiert?

Die Initiative entstand, weil das Unternehmen die Infrastruktur dafür mit der Einführung von Bosch Connect zur Verfügung gestellt hatte. Außerdem begann sich bereits eine offenere und mutige Kommunikationskultur in der Belegschaft zu entwickeln, die auch Fragen nach der Zukunft der Gesellschaft und kommenden Technikfolgen stellte. Dem wollte ich einen zusätzlichen Raum zur Entwicklung neuer Ideen hinzufügen. Und ich hatte die Hoffnung, dass Bosch das aushält.

? Hast Du vorher schon einmal etwas Ähnliches gemacht (und wenn ja: wie und wo)?

Ich hatte vorher für die Vertrauensleute und Mitarbeitende der von mir als Betriebsratsmitglied betreuten Bereiche eine Community eingerichtet, in der jeder seine Themen einbringen und diskutieren konnte. Ich war begeistert, wie dadurch die Betroffenen zu aktiven und beherzten Beteiligten wurden, die ihre eigenen Anliegen formulierten und vertraten. Damit hatte ich einen ganz anderen Stand in notwendigen Verhandlungen.

? Dein Tipp: Wie gewinnt, wie begeistert man Kollegen für ein Projekt wie Eures?

In meinem Fall gelang mir das durch mein eigenes Vorbild. Mit meinen ersten Beiträgen machte ich meine ganz persönlichen Sichtweisen und Positionen deutlich und ermutigte alle, sich konstruktiv und auch kontrovers zu beteiligen. Die Art, wie respektvoll sich diese Diskussionen von Anfang an entwickelt haben, hat dann sehr schnell auch andere begeistert, die ebenfalls Themenforen eröffnet haben.

? Von welchen Initiativen/Bewegungen habt Ihr Euch inspirieren lassen?

Eigentlich hatte ich gar kein konkretes Vorbild. Ich war auch nicht in Social Media unterwegs.

Ich hatte nur den starken Drang, eine Plattform zum ungefilterten und ehrlichen Austausch zu schaffen und herauszufinden, ob das funktionieren würde. Das kam einfach aus dem Bauch, in dem es zu Beginn zugegebener Weise etwas rumorte und sich flau anfühlte.

? Wo habt Ihr Euch (extern) schlau gemacht und/oder Unterstützung geholt?

Ich habe die Idee mit meiner Betriebsratskollegin Kerstin Jäckel immer wieder beraten, von der letztlich auch der Communityname vorgeschlagen wurde. Auch mit dem Thema Campaigning hatte ich mich mal etwas beschäftigt. Mehr externen Input oder Unterstützung hatten wir nie.

❓ Wie und bei wem habt Ihr intern Unterstützung organisiert?

Die Unterstützung erwuchs zunächst aus der Community selbst, weil die Zahl der Mitglieder schnell anwuchs und viele Mitarbeitende total begeistert waren zu erleben, wie schnell sich dort immer wieder neue Ideen entwickelten.

Nach etwa zwei Jahren war es so weit, dass ich nach einem persönlichen Gespräch konkrete Unterstützung eines Geschäftsführers bekam. Ziel war die aktive Einbindung der Community in die offiziellen Innovationsstrukturen des Konzerns. So sollten z. B. interessierte Mitglieder der Community freie Ideen von anderen Mitarbeitenden bewerten dürfen, die Ergebnisse von Innovationskampagnen waren.

❓ Wie lässt sich die Haltung des Unternehmens insgesamt zu Eurer Initiative in drei Sätzen zusammenfassen?

Das Unternehmen war auf Geschäftsführungsebene interessiert, weil die Community z. B. unerkannte Schwachpunkte zu Tage gefördert hatte, auf die die Geschäftsführung reagieren konnte.

Noch viel mehr waren sie aber wohl überfordert, weil die sich entwickelnde Dynamik nicht mehr kontrollierbar war.

Die Haltung des Unternehmens war daher uneinheitlich, aber wohl mehrheitlich deutlich ablehnend.

❓ Wie ist die Haltung der Führungskräfte?

Es gab wenig offizielle Reaktionen. Im Wesentlichen hatte ich das Gefühl, dass man dem Thema aus dem Weg ging. Es gab jedoch auch Führungskräfte aus höheren Hierarchiekreisen, die Mitglieder der Community wurden.

❓ Die überraschendste Reaktion überhaupt:

Für mich war die überraschendste Reaktion überhaupt, dass ich mit dieser Community Ende 2017 bei zumindest einem Geschäftsführer offene Türen einrennen konnte und er mich bei der Möglichkeit aktiv unterstützte, diese Community wirksam werden zu lassen. In der Folge fand ich es fantastisch, dass man mir vorschlug, mich innerhalb einer zentralen Innovationsplattform mit der Community um Ideen zu kümmern, die zu keinem bestehenden Geschäftsbereich passten und daher keine Kümmerer fanden.

? Die beste Idee Eures Projektes war:

Diese Community mutig zu gründen und zuzulassen, dass sie von den Mitarbeitenden selbst mit Leben gefüllt wurde.

? Auf einer Skala von 0 bis 10: Wie weit seid Ihr Eurem Ziel nahegekommen?

Dem Ziel, interessierten Mitarbeitenden eine Möglichkeit zu bieten, sich offen und mit viel Begeisterung zu vernetzen und wichtige Zukunftsthemen zu diskutieren, würde ich eine 9 geben. Dem Ziel, diesen Ideen zur Umsetzung zu verhelfen, eine 5.

? Was hat Euch ermutigt, was eher demotiviert?

Ermutigt hat mich die Begeisterung, mit der Ideen entwickelt wurden und mit der die Community immer weiter standortübergreifend wuchs. Schade fand ich, dass wir von der Arbeitnehmervertretung nicht unterstützt wurden.

? Welches war der Moment, in dem Du realisiertest, dass Ihr mit Eurem Anliegen nicht wirklich weiterkommt?

Das war der Moment, in dem mir von Bosch als freigestelltem Betriebsratsmitglied außerordentlich fristlos gekündigt wurde und mein eigenes Betriebsratsgremium dieser Kündigung auch noch zustimmte, ohne dass ich vorher die Gelegenheit zur persönlichen Stellungnahme vor diesen Kollegen bekam. Ich konnte mich noch in letzter Minute von der Community in einem Forum verabschieden und sie ermutigen, die Idee auch ohne mich weiterzuführen.

? Woran ist es letztlich gescheitert?

Gescheitert ist es wohl an dem Schicksal, das so viele Querdenker und Organisationsrebellen mit mir teilen. Sie sind dem System am Ende doch unheimlich oder unbequem, weil sie nicht steuerbar sind. Und das aktiviert dann das Immunsystem der Organisation. In meinem Fall waren es wohl gleich mehrere Immunsysteme, und so wurde der Bewegung der Kopf abgeschlagen.

Ganz tot ist sie aber noch nicht, denn Menschen kann man kündigen, Ideen aber nicht ...

? Dein wichtigster Rat für jemanden, der in einem anderen Unternehmen etwas Ähnliches (wenn auch mit anderem Ansatz/Thema) startet?

Ganz wichtig ist es, sich darüber klar zu werden, was man ganz tief in seinem Inneren wirklich will und wie viel Druck man auszuhalten bereit ist. Weiter muss man sich rechtzeitig mit möglichst vielen anderen Menschen vernetzen und verlässliche und motivierte Mitstreiter finden, die Gegenwind nicht scheuen. Wenn man Unterstützung von oben finden kann, hilft das auch sehr.

Und wenn man sich schließlich sichtbar macht, muss man es auch konsequent tun, damit man nicht unbemerkt abgeschossen werden kann.

? Was würdest Du beim nächsten Mal anders machen?

Das ist eine gute Frage. Ehrlich gesagt fürchte ich, dass es gar nicht so viel wäre. Schließlich sah es schon mal so aus, als ob ich kurz vor dem nächsten großen Schritt gestanden hätte. Wahrscheinlich wüsste ich jetzt besser, wie brutal der Widerstand werden und aus welchen unerwarteten Richtungen er kommen kann.

? Wie geht es für Euch weiter?

Das müssen die Community-Mitglieder jetzt ohne mich entscheiden und umsetzen. Immerhin gibt es noch ein paar Mutige, die nicht aufgeben.

? Wie geht es für Dich weiter?

Das hängt jetzt vor allem von den nächsten Gerichtsentscheidungen ab. Die erste Kündigung hat das LAG in zweiter Instanz wegen Unverhältnismäßigkeit aufgehoben und keine Revision zugelassen.

211

Bosch hat dagegen Beschwerde beim Bundesarbeitsgericht einge-legt. Und es steht auch noch eine zweite, nachgeschobene Kündi-gung im Raum.

An der Idee der ZukunftsSchwärmer will ich auf jeden Fall festhal-ten und sie auch als Berater in die Betriebe und Betriebsräte tragen.

? Zum Schluss: Bitte ein Satz zu Dir, Deinem Job, Deiner Aufgabe im Unternehmen und in der Graswurzelinitiative. Danke!

Ich selbst bin ein Freigeist mit unbändiger Freude an Verbesserun-gen und habe Lust, die Welt gemeinsam mit anderen und mit er-hobenem Haupt menschlicher zu gestalten. Bei Bosch war ich Ent-wicklungsingenieur, Betriebsratsmitglied, Innovationsnetzwerker, Feuerwehrmann und mit Begeisterung ein ZukunftsSchwärmer.

Kurzfragebogen für Graswurzelakteure: Rainer Gimbel, Evonik AG

? Wie sah der Initiationsfunke aus, der Eure Initiative entzündet hat? Was stand ganz am Anfang?

Am Anfang stand tatsächlich die Plattform, das nagelneue Enterprise Social Network – ein wenig „über den Zaun geworfen" von unserer IT.

? Wodurch, wann und wie kamst Du zur Initiative?

Ich hatte mich schon längere Zeit privat mit dem Thema „vernetztes Arbeiten" auseinandergesetzt und daraufhin für mich entschieden, dass ich das Thema in meinem Unternehmen vorantreiben möchte.

? Warum gibt es gerade diese Initiative in Deinem Unternehmen? Wie würdest Du den blinden Fleck/das Problem/die Herausforderung beschreiben, die Ihr mit Eurer Initiative adressiert?

Schon seit Jahren zeigten alle Umfragen im Konzern, dass „mehr kommuniziert werden soll". Auf der anderen Seite klagt jeder Konsument von Information über „Information Overload" und jeder „Sender" darüber, dass „niemand mehr die Informationen liest".

Ein soziales Netzwerk und die damit verbundene Verschiebung vom „Push" zum „Pull" adressiert genau diese Thematik.

? Hast Du vorher schon einmal etwas Ähnliches gemacht (und wenn ja: wie und wo)?

Aeeehm, nein! ☺

❓ Dein Tipp: Wie gewinnt, wie begeistert man Kollegen für ein Projekt wie Eures?

Zeige ihnen, welche Möglichkeiten sich ergeben, wenn man seine Arbeit sichtbar macht und sein Netzwerk nutzt.

❓ Von welchen Initiativen/Bewegungen habt Ihr Euch inspirieren lassen?/Wo habt Ihr Euch (extern) schlau gemacht und/oder Unterstützung geholt?

Das waren natürlich unzählige Quellen und Inspirationen. Ich habe mich früh mit Bert Oberholz von Covestro (damals Bayer Material Science) ausgetauscht. Die Projekte von BASF, Bosch und Continental waren seinerzeit spannende Leuchttürme. Generell habe ich sehr viel von der damaligen „Enterprise 2.0"-Community gelernt.

❓ Wie und bei wem habt Ihr intern Unterstützung organisiert?

Wir haben früh versucht, „Early Adopter" zu identifizieren. Diese haben wir in ihren Bemühungen Unterstützung angeboten und haben ihnen geholfen, ihre Erfolge sichtbar zu machen. Erfolgreiche „Early Adopter" haben dann wieder potenzielle Kandidaten der „Early Majority" für die Sache gewonnen.

❓ Wie lässt sich die Haltung des Unternehmens insgesamt zu Eurer Initiative in drei Sätzen zusammenfassen?

Das Unternehmen hat die Initiative lange Zeit nicht als „strategisch" gesehen, hat sie aber auch nicht gestoppt.

❓ Wie ist die Haltung der Führungskräfte?

Über lange Zeit zurückhaltend. So ein wenig wie Zaungäste.

❓ Die überraschendste Reaktion überhaupt:

Unser Bereich Corporate Innovation hat bereits sehr früh entschieden, einen unternehmensweiten Ideation Jam zu starten. Dieser wurde stetig weiterentwickelt und institutionalisiert.

? Die beste Idee Eures Projektes war:

Menschen im Unternehmen näher zusammenzubringen.

? Auf einer Skala von 0 bis 10: Wie weit seid Ihr Eurem Ziel nahegekommen?

4

? Was hat Euch ermutigt, was eher demotiviert?

Ermutigt hat das positive Feedback und die intrinsische Motivation der „Early Adopters", aber auch die Tatsache, dass offenbar jedes andere Unternehmen – gleich aus welcher Branche – ähnliche Probleme bei der Einführung hatte wie wir. Da wir uns im Wesentlichen auf die „Early Adopter" und die „Early Majority" fokussiert haben, gab es eigentliche keine Momente der Demotivation. Die „Late Majority" und „Laggards" haben wir einfach ignoriert.

? Welches war der Moment, in dem Du realisiertest, dass Ihr mit Eurem Anliegen durchstartet?

Es gab mehrere „Momente". Aber ein entscheidender Meilenstein war definitiv unser konzernweiter Ideenwettbewerb zur Kulturinitiative in 2019, bei dem wir über 13.000 aktive Nutzer zur Teilnahme an der Community mobilisieren konnten.

? Was hat Euch letztlich zum Durchbruch verholfen?

Wir haben nach einiger Zeit das Geheimnis erfolgreicher Communities entschlüsselt und Community-Eigentümer bei der Entwicklung unterstützt. Das Wissen haben wir dann dokumentiert und im Rahmen eines Curriculums an interessierte Kollegen vermittelt. Darüber hinaus haben erfolgreiche Communities als Vorbild zur Sichtbarkeit verholfen.

? Dein wichtigster Rat für jemanden, der in einem anderen Unternehmen etwas Ähnliches (wenn auch mit anderem Ansatz/Thema) startet?

Suche Mitstreiter!

? Wie geht es für Euch weiter?

Unsere IT hat sich erst kürzlich zu unserem Enterprise Social Network bekannt. Das Thema Community Management ist seit Februar 2020 in einem eigenen Team im Bereich HR Talent Management institutionalisiert.

? Wie geht es für Dich weiter?

Ich bin mit meinem Team seit Februar 2020 für das Thema Kulturentwicklung im Bereich HR Talent Management verantwortlich. Im Idealfall sollen Graswurzelinitiativen durch sogenannte „Corporate Activists" Teil unseres Betriebssystems werden. Unser Enterprise Social Network ist dabei ein wichtiger Katalysator.

? Zum Schluss: Bitte ein Satz zu Dir, Deinem Job, Deiner Aufgabe im Unternehmen und in der Graswurzelinitiative. Danke!

Lange Zeit interner Evangelist und Protagonist für neue, kollaborative und vernetzte Formen der Zusammenarbeit, zuletzt aus der Einheit Evonik Digital heraus.

Seit Anfang Februar bin ich im Bereich HR Talentmanagement für das Thema Kulturentwicklung verantwortlich.

Kurzfragebogen für Graswurzelakteure: Oliver Herbert, Daimler AG

? Wie sah der Initiationsfunke aus, der Eure Initiative entzündet hat? Was stand ganz am Anfang?

Am Anfang stand da ein „Social Intranet", das mit einer Kulturveränderung verbunden werden musste. Ziel war es, Barrieren zu entfernen und auf Augenhöhe gemeinsam die Zukunft zu gestalten.

? Wodurch, wann und wie kamst Du zur Initiative?

Ich war mit zwei Kolleginnen/Kollegen nach einem Austausch mit Bosch der Gründer unserer Initiative – das war ziemlich genau vor zwei Jahren.

? Warum gibt es gerade diese Initiative in Deinem Unternehmen? Wie würdest Du den blinden Fleck/das Problem/die Herausforderung beschreiben, die Ihr mit Eurer Initiative adressiert?

Wir müssen und wollen uns als Konzern verändern. Mit der Einführung einer offenen Kommunikationsplattform, unserem Social Intranet, haben wir auch gelernt, Barrieren zu beseitigen (Hierarchien, Diversity). Mit unserer #gerneperDu-Initiative konnten wir positive Denkanstöße schaffen und schneller und einfach kommunizieren.

? Hast Du vorher schon einmal etwas Ähnliches gemacht (und wenn ja: wie und wo)?

Ja mit der Gründung der Community Digital Transformation kommend aus LS 2000 und den Digital Connect Days, von MA für MA ohne Anstoß ohne Auftrag einfach machen.

❓ Dein Tipp: Wie gewinnt, wie begeistert man Kollegen für ein Projekt wie Eures?

Bietet eine Heimat! Alleine schon Gleichgesinnte zu finden, schafft Motivation. Weckt Begehrlichkeiten: Ich darf dabei sein z. B. über Giveaways wie Aufkleber und Shirts.

❓ Von welchen Initiativen/Bewegungen habt Ihr Euch inspirieren lassen?

Bosch @DU Initiative, Telekom Botschafter und BSH DU Initiative.

❓ Wo habt Ihr Euch (extern) schlau gemacht und/oder Unterstützung geholt?

Keine

❓ Wie und bei wem habt Ihr intern Unterstützung organisiert?

Wir haben auf Townhall Meetings das Thema vorgestellt, Chefs gewonnen und den Betriebsrat eingebunden. Auf Day-One-Einführungsrunden (Onboarding) haben wir neue Mitarbeitende gewonnen und via Botschafter das Thema in den Bereichen gestreut.

❓ Wie lässt sich die Haltung des Unternehmens insgesamt zu Eurer Initiative in drei Sätzen zusammenfassen?

Positiv – es werden immer mehr Unterstützer und ich glaube, in Kürze ist #gerneperDu ganz normal.

❓ Wie ist die Haltung der Führungskräfte?

So und so, die einen positiv, die anderen weniger. Bei mir kommen aber nur die „So, ich mache mit!" an. Die anderen ignorieren uns.

❓ Die beste Idee Eures Projektes war:

Sichtbare Merchandise-Artikel zu erfinden und diese online intern in einen Shop zu stellen.

? Auf einer Skala von 0 bis 10: Wie weit seid Ihr Eurem Ziel nahegekommen?

8

? Was hat Euch ermutigt, was eher demotiviert?

Ermutigt hat uns, über 2.000 Unterstützer zu finden, und aktiv angesprochen zu werden.

? Welches war der Moment, in dem Du realisiertest, dass Ihr mit Eurem Anliegen durchstartet?

Als wir 2.000 Follower im Social Intranet hatten und ganz viele neue MA vom DayOne uns angesprochen haben.

? Was hat Euch letztlich zum Durchbruch verholfen?

Sichtbarkeit, Größe und die Merchandising-Aktion

? Dein wichtigster Rat für jemanden, der in einem anderen Unternehmen etwas Ähnliches (wenn auch mit anderem Ansatz/Thema) startet?

Tief fliegen, erstmal testen, Netzwerk aufbauen – erst hoch fliegen, wenn ihr ganz sicher seid.

? Was würdest Du beim nächsten Mal anders machen?

Eigentlich nichts, ggf. schneller aufbauen.

? Wie geht es für Euch weiter?

Wir werben weiter und hoffen, irgendwann unsere Gruppe im Social Intranet löschen zu könne, wenn das Thema keine Gruppe mehr braucht.

? Wie geht es für Dich weiter?

Habe bereits die nächste Graasroot-Initiative gestartet mit den #InfluBenzer und #CorporateRebels.

Zum Schluss: Bitte ein Satz zu Dir, Deinem Job, Deiner Aufgabe im Unternehmen und in der Graswurzelinitiative. Danke!

Ich bin anders – das herauszufinden, hat etwas gedauert. Ich hoffe, das noch lange machen zu dürfen. Verrückt sein – und #einfachmachen.

Kurzfragebogen für Graswurzelakteure: Andrea Demaria, Siemens AG

? Wie sah der Initiationsfunke aus, der Eure Initiative entzündet hat? Was stand ganz am Anfang?

Wir hatten durch das Fit4Future-Projekt bei der IT erste sehr wertvolle Schritte in Richtung „Teal" gemacht und wollten nun auf ähnlicher Weise die gesamte Siemens beglücken, unabhängig von einer einzelnen Beauftragung.

? Wodurch, wann und wie kamst Du zur Initiative?

Die Idee kam wie gesagt im Fit4Future hoch und, ich glaube, ich hatte in Tobi Bantzhaff einen ersten Mitstreiter gefunden. Danach hatten wir mit Dorothee Heckman gesprochen und an einem Freitagabend alle drei uns getroffen und die Entscheidung getroffen, doch zu starten. Tobi hat uns den Namen gegeben. Kurz danach kam Tobias Scheller dazu und und und

? Warum gibt es gerade diese Initiative in Deinem Unternehmen? Wie würdest Du den blinden Fleck/das Problem/die Herausforderung beschreiben, die Ihr mit Eurer Initiative adressiert?

Viele wollen etwas ändern, haben aber in der normalen Firmenstrukturen keine einfache, direkt beeinflussbare Möglichkeit. Wir wollten es einfach tun, ohne um Erlaubnis zu Fragen. Ich glaube auch die Qualität der Zusammenarbeit war einzigartig. Viele sagten: „In der Arbeit wird meine Energie aufgesaugt, hier bei Grains kann ich wieder tanken." Toll.

? Hast Du vorher schon einmal etwas Ähnliches gemacht (und wenn ja: wie und wo)?

Ja, in Fit4Future, und noch davor in „Refugees Welcome", wo eigentlich für mich alles angefangen hat.

❓ Dein Tipp: Wie gewinnt, wie begeistert man Kollegen für ein Projekt wie Eures?

Klarer Purpose, ehrliche Offenheit, Wertschätzung.

❓ Von welchen Initiativen/Bewegungen habt Ihr Euch inspirieren lassen?

Fit4Future, „Refugees Welcome", das Buch von Laloux, die Methode Holacracy.

❓ Wo habt Ihr Euch (extern) schlau gemacht und/oder Unterstützung geholt?

HolacracyOne, Robert Vogel, …

❓ Wie und bei wem habt Ihr intern Unterstützung organisiert?

Nur punktuell hier und dort. Wir haben kaum Unterstützung erfahren, eher Duldung …

❓ Wie lässt sich die Haltung des Unternehmens insgesamt zu Eurer Initiative in drei Sätzen zusammenfassen?

Nicht verstanden, worum es geht. Als komisch, aber interessant gesehen. Überfordert von der Radikalität der Ideen.

❓ Wie ist die Haltung der Führungskräfte?

Manchmal inspiriert von uns, oft eher ablehnend.

❓ Die überraschendste Reaktion überhaupt:

Joe Kaeser, unser CEO, der zu uns sagt: "great to see your dedication and intrapreneur mentality supporting our Siemens transformation – we need every contribution to be successful!"

❓ Die beste Idee Eures Projektes war:

Die Zukunft ist Teal (damals sagten wir „selbstorganisiert", heute wissen wir, dass es mindestens mehrdeutig ist).

❓ Auf einer Skala von 0 bis 10: Wie weit seid Ihr Eurem Ziel nahegekommen?

5

❓ Was hat Euch ermutigt, was eher demotiviert?

Ermutigt: Tolle Leute, viel gelernt

Demotiviert (mich): Selbstbeschäftigung

❓ Welches war der Moment, in dem Du realisiertest, dass Ihr mit Eurem Anliegen durchstartet?

Als viele angefangen haben, im Siemens Social Network ihre Fotos zu posten.

❓ Woran ist es letztlich gescheitert?

An unterschiedlichen Vorstellungen über die Ziele und unterschiedlichen Reifegraden.

❓ Was hat Euch letztlich zum Durchbruch verholfen?

Wir glaubten (und glauben immer noch) an unseren Purpose!

❓ Dein wichtigster Rat für jemanden, der in einem anderen Unternehmen etwas Ähnliches (wenn auch mit anderem Ansatz/Thema) startet?

Fokus Fokus Fokus

❓ Was würdest Du beim nächsten Mal anders machen?

Mehr Klarheit über die Erwartungen schaffen – wir haben daher vor zwei Jahren „PAUL" ins Leben gerufen. „PAUL" ist ein organisationsübergreifendes Start-up unter dem Dach von Siemens. Wir unterstützen Unternehmen und Einheiten, die sich eine iterative Transformation hin zu mehr „Teal" (Evolutionary Purpose, Selfmanagement, Wholeness) wünschen.

❓ Zum Schluss: Bitte ein Satz zu Dir, Deinem Job, Deiner Aufgabe im Unternehmen und in der Graswurzelinitiative. Danke!

Offiziell bin ich Berater bei unserem In-House-Consulting, praktisch habe ich schon lange keinen normalen „Job" mehr. Ich arbeite möglichst wirksam in PAUL und trage damit zum Siemens Purpose bei.

Das ist mein Leben und es ist eine einfach unglaubliche Reise, eine kontinuierliche Entdeckung.

In den letzten fünf Jahren habe ich so viel gelernt wie in den 48 Jahren davor ... Und es wird immer noch schneller ...

Kurzfragebogen für Graswurzelakteure: Shakil Awan, Deutsche Telekom AG/Gründungsteam LEX

? Wie sah der Initiationsfunke aus, der Eure Initiative entzündet hat? Was stand ganz am Anfang?

Aus der Gründungssicht stand, wie so oft, am Anfang nur eine Idee. Diese stammte aus einem Arbeitsstream eines großangelegten Transformationsprogramms der Deutschen Telekom IT GmbH: „Biete eine Möglichkeit, wie man schnell und einfach Experten zu bestimmten Themen findet." Da dies sehr stark vom eigenen Netzwerk abhängig war, ist der Aufbau eines Kernteams, welches über dieses verfügte, sehr wichtig gewesen. Mit LEX wird daraus dann später der eigentliche Community-Ansatz.

? Wodurch, wann und wie kamt Ihr zur Initiative?

Jeder zu unterschiedlichen Zeitpunkten. Shakil Awan war als Gründungvater der Idee natürlich von Anfang an dabei. Jan Meyer und Manuel Kirailidis aus dem Kernteam stießen noch während der Entstehungsphase hinzu. Jan mit Schwerpunkt Wissensteiler und Manuel als Beratungs- und Produktdesign-Experte. Alle entwickelten gemeinsam mit anderen im Kernteam Strukturen und Themen, die es heute gibt.

? Warum gibt es gerade diese Initiative in Eurem Unternehmen? Wie würdet Ihr den blinden Fleck/das Problem/die Herausforderung beschreiben, die Ihr mit Eurer Initiative adressiert?

Wir haben es geschafft, Wissensbedarf einfach zu befriedigen. Dazu haben wir viele der schlauen Köpfe, die zwar benutzt aber nicht „abgefragt" werden, zusammengebracht. Damit war „Knowledge" aber noch nicht das „Management" aus Knowledge-Management getan. Diese Lücke schlossen wir mit LEX auf eine simple, kreative

225

und sexy Art, indem es ausschließlich bereits Vorhandenes intelligent verbindet und disruptiv nutzt. Unbürokratisch und selbstorganisiert.

? Hast Du vorher schon einmal etwas Ähnliches gemacht (und wenn ja: wie und wo)?

Jeden von uns verbindet, dass wir auch gerne „Geben". Ob nun im Beruf als Mentor oder privat als Fundraiser für Hilfsorganisationen.

? Dein Tipp: Wie gewinnt, wie begeistert man Kollegen für ein Projekt wie Eures?

Mit einem guten, einfachen, authentischen und ehrlichen Produkt. „Sei wie du bist und teile, was du hast. Bleib dabei ehrlich zu dir und zu dir selbst. Das Ganze mit 0 Prozent Druck." Diese Botschaft war unser Ansatz, den wir transportieren wollten und mussten. Frei nach dem, was wir unseren Kindern beibringen „Jeder kann was", so zählt dieser Ansatz auch in einem Konzern. Klingt nach einem esoterischen Ansatz, spiegelt aber faktisch „nur" ein gesundes Miteinander wider und ist sogar auf das agile Mindset aufbaubar. Ob der Weg der richtige ist, merkt man daran, ob die Sessions gut besucht sind und ob gute Diskussionen bzw. gutes Feedback entsteht.

? Von welchen Initiativen/Bewegungen habt Ihr Euch inspirieren lassen?

Ganz klar eine Mischung vom Telekom-Leitmotiv „Dinge einfach machen" und dem bekannten „Getting things done". Und aus unserem allgemeinen Verständnis von Netzwerk/Community (z. B. „Each one teach one").

? Wo habt Ihr Euch (extern) schlau gemacht und/oder Unterstützung geholt?

Wir haben die gesamte Expertise dazu inhouse. Auf diese vorhandene Experten und Expertinnen haben wir zurückgegriffen. Das haben wir im Kernteam dann „nur noch" smart und kreativ zusammengeführt quasi: „Mit LEX wurde LEX" (sei dein eigener Kunde).

? Wie und bei wem habt Ihr intern Unterstützung organisiert?

Das Transformationsprogramm eines Segmentes der Deutschen Telekom bot den benötigten Raum und die Zeit für die Startphase. Dennoch, da es sich bei LEX eher um Berufung statt Beruf handelt, hat auch vieles außerhalb der Arbeit stattgefunden. Damit ist nicht Arbeitszeit gemeint, sondern das direkte Umwandeln von Erlebtem, Gesehenem, Gehörtem, etc. in die LEX-Welt. Dazu kamen nach und nach weitere Unterstützer und „Multiplikatoren" hinzu, auch auf Top-Managementebene, die sich für den LEX-Gedanken eingesetzt haben und somit auch sehr hilfreich beim Wachsen von LEX waren. Aber den entscheidenden Push haben die vielen Menschen aus der Community gegeben, die Sessions angeboten oder an ihnen teilgenommen haben.

? Wie lässt sich die Haltung des Unternehmens insgesamt zu Eurer Initiative in drei Sätzen zusammenfassen?

Die Zahlen sprechen für sich: Wir sind innerhalb von zwei Jahren mit über 16.000 Followern zur größten konzerninternen Community angewachsen. Dem Management blieb diese Bewegung/Initiative nicht verborgen. Sie unterstützten LEX, in dem sie uns als Kernteam haben machen lassen und auch selber Wissen über die ein oder andere Session geteilt haben. Dennoch wurden wir mit LEX erst belächelt, dann gechallenged und jetzt supported.

? Wie ist die Haltung der Führungskräfte?

Führungskräfte spüren wir hierbei nicht (mehr). Das Thema ist selbstorganisiert – von Kollegen für Kollegen – Kollegen entscheiden selbstständig und -verantwortlich, ob eine Session für sie relevant ist oder nicht. Sicher profitieren aber Führungskräfte davon, wenn ihre Mitarbeitenden sich schnell in neuen Themen auskennen. Unterteilt in Phasen gab es allerdings auch Nuancen, die hier und da spürbar waren. Phase „Belächelt": Hier mussten wir sichergehen, die Botschaft zu transportieren, dass es sich um „on top"-Arbeit für alle Beteiligten in der Community handelt. Phase „Gechallenged": Dann ging es darum, die Qualität der Inhalte und die Freiwilligkeit der Teilnehmer (egal, ob „Taker" oder „Giver") sicherzustellen. Phase „Supporter": Nun gibt es nahezu den vollständigen Rückhalt, LEX zu optimieren und erweitern.

227

❓ Die überraschendste Reaktion überhaupt:

Sich gegen knapp 80 Mitbewerbern durchzusetzen und im Finale der größten internen Auszeichnung den dritten Platz zu bekommen (Lead-to-Win-Award 2018).

❓ Die beste Idee Eures Projektes war:

Es gibt viele gute Ideen und Umsetzungen. Hervorheben kann man die SaFE Framework Calls, die Tausende Teilnehmer angelockt hat. Aber auch mittlerweile viele lokale Sketchnote-Stammtische, die sehr gute Resonanz haben. Und der Fakt, dass auch unsere Vorstände Sessions halten.

❓ Auf einer Skala von 0 bis 10: Wie weit seid Ihr Eurem Ziel nahegekommen?

8. Es gibt immer noch Dinge, die wir implementieren wollen, und natürlich Ressourcen- und Budgethürden.

❓ Was hat Euch ermutigt, was eher demotiviert?

Je nach Phase waren die „Gegner" andere ... Motiviert hat uns der nicht so erwartete große Erfolg und die Anerkennung und vor allem Dankbarkeit der Kollegen. Die Resonanz und das Feedback der Kollegen sind für uns die ausschlaggebende Motivation. Wenn man merkt, man kann anderen helfen, macht das etwas mit mir selbst ...

❓ Welches war der Moment, in dem Du realisiertest, dass Ihr mit Eurem Anliegen durchstartet?

Die Vorstellung von LEX in der öffentlichen Vorstandssitzung 2018 und die Auszeichnung mit dem Lead-2-Win-Award für das LEX-Team.

❓ Was hat Euch letztlich zum Durchbruch verholfen?

Der dritte Platz beim Lead-to-Win-Award. Dies war das i-Tüpfelchen auf die Anerkennung der Gesamtleistung durch die Kollegen. Damit wurde das Thema noch ein weiteres Mal kommunikativ gepusht und die Anzahl der Mitspieler potenziert.

? Dein wichtigster Rat für jemanden, der in einem anderen Unternehmen etwas Ähnliches (wenn auch mit anderem Ansatz/Thema) startet?

Ein starker und unbeirrbarer Umsetzungswille. Man muss Gegenwind aushalten können. Kreativität mit vorhandenem Potenzial intelligent verbinden und ein Team so divers aufbauen, dass es in der Lage ist, sich gegenseitig Kraft und Ausdauer zu geben. Wenn möglich schon zu Beginn einen Community-Manager finden, der unbeirrt am Thema bleibt, dafür brennt und auf allen Kanälen (intern und extern) LEX positioniert.

? Was würdest Du beim nächsten Mal anders machen?

Noch schneller die Kraft der Community nutzen, um gemeinsam ans Ziel zu kommen. Aber schlussendlich, da die Art, wie wir es gemacht haben, zu einem enormen Erfolg geführt hat, müssten wir wahrscheinlich nicht viel anders machen. Ein geheimer Supporter im Management wäre jedoch zu einem früheren Zeitpunkt hilfreich gewesen.

? Wie geht es für Euch weiter?

LEX weiter ausbauen und viele neue Themen und Felder mitaufnehmen. Idealerweise gelingt es uns, in Zukunft noch mehr professionelle Netzwerke und Tools (z. B. HR/IT/etc.) zu verwenden, um noch besser, schneller, effizienter zu werden. Dabei aber auch vollständig autark bleiben, um den Differenzierungsfaktor zu „normalen HR-Tools" aus Sicht der Kollegen/Mitarbeitenden nicht zu verlieren. Vielleicht schaffen wir es sogar, dedizierte Jobs dafür zu schaffen. Dabei ist es eine Herausforderung, für die Verschmelzung mit externen Netzwerken alles entsprechend datenschutzkonform zu erweitern. Ansonsten: Weitermachen wie bisher, Ideen ins Kernteam einbringen und LEX-Sessions anbieten.

? Zum Schluss: Bitte ein Satz zu Dir, Deinem Job, Deiner Aufgabe im Unternehmen und in der Graswurzelinitiative. Danke!

- Shakil Awan: Ich arbeite als Qualification Manager „Informal Learning" im Personalentwicklungsbereich der Deutschen Telekom (HRD). Ich verantworte die Graswurzelinitiative LEX.

- Manuel Kirailidis: Im nationalen und internationalen Umfeld ist es meine Aufgabe, Projekte und Produkte soweit in der Umsetzung und Beratung zu begleiten, bis sie marktreif dem Kunden angeboten werden können. Allerdings konzentriere ich mich mittlerweile mehr darauf, meine in 25 Jahren erworbene Expertisen nun als Coach zu den unterschiedlichsten Wasserfall- und Iteration-Methoden und -Inhalten zu vermitteln und dadurch andere in ihrem Können zu unterstützen. Und das flankiert mit LEX.

- Jan Meyer: Ich bin zum einen Mitglied im LEX-Kernteam und helfe, das Thema zu treiben, zu promoten und strukturell weiterzuentwickeln – zum anderen halte ich LEX-Sessions zu verschiedenen Themen ab, zum Beispiel „Selbstorganisation" … In meinem Regeljob bin ich aktuell Leiter Strategy & Transformation der Deutschen Telekom IT GmbH.

Kurzfragebogen für Graswurzelakteure: Tobias Leisgang, Texas Instruments

? Wie sah der Initiationsfunke aus, der Eure Initiative entzündet hat? Was stand ganz am Anfang?

Ein Event zum Thema Innovation, ein Gespräch mit Andrea von Employee Communications und ein gemeinsames Mittagessen mit Mitstreitern.

? Warum gibt es gerade diese Initiative in Deinem Unternehmen? Wie würdest Du den blinden Fleck/das Problem/die Herausforderung beschreiben, die Ihr mit Eurer Initiative adressiert?

In den Prioritäten der Firma stand das Wörtchen Innovation. Einigen war es aber zu wenig was wir dazu gemacht haben.

? Hast Du vorher schon einmal etwas Ähnliches gemacht (und wenn ja: wie und wo)?

Nein

? Dein Tipp: Wie gewinnt, wie begeistert man Kollegen für ein Projekt wie Eures?

Die Begeisterung ist bei den Leuten meist schon da (Stichwort: intrinsische Motivation). Wichtig ist, dass die Initiative sichtbar ist und die Begeisterten sehen „Hey ich bin nicht allein".

? Von welchen Initiativen/Bewegungen habt Ihr Euch inspirieren lassen?

Mich hat das intrinsify Netzwerk inspiriert. Andere haben sich von regionalen Meetups inspirieren lassen.

❓ Wie lässt sich die Haltung des Unternehmens insgesamt zu Eurer Initiative in drei Sätzen zusammenfassen?

- Interessant, was ihr da macht.
- Wer bzw. wie viele sind da schon dabei?
- Was ist der Impact aufs Business?

❓ Wie ist die Haltung der Führungskräfte?

- Gesagt: Gut, dass ihr was zum Thema Innovation macht.
- Gesagt: I don't have time for this.
- Von manchem gedacht bzw. gehandelt: Haltet meine Leute bitte nicht vom Tagesgeschäft ab.

❓ Die überraschendste Reaktion überhaupt:

Wie, da kann jeder mitmachen? Dachte das wäre nur für Nerds und Ingenieure ...

❓ Die beste Idee Eures Projektes war:

Gab so viele unterschiedliche Aktionen und Ideen, schwer eine herauszugreifen. Der Smart City Hackathon war schon ein besonderes Event: https://www.sueddeutsche.de/muenchen/freising/hackathon-freising-technologie-smart-city-1.4610947

❓ Auf einer Skala von 0 bis 10: Wie weit seid Ihr Eurem Ziel nahegekommen?

Es gab nicht das eine (End-)Ziel, sondern eher ein iteratives Vorgehen. Wen müssen wir als nächstes davon begeistern? Wie können wir die nächste Stufe an Wirksamkeit erreichen?

❓ Was hat Euch ermutigt, was eher demotiviert?

Ermutigt haben uns die vielen guten Ideen, dass selbstorganisiert Projekte entstehen können, Resultate fürs Business, gute Presse und Unterstützung vom Geschäftsführer.

Demotivierend waren Kommentare wie „Ihr müsst ja Zeit haben".

? Welches war der Moment, in dem Du realisiertest, dass Ihr mit Eurem Anliegen durchstartet?

Es gab nicht diesen einen Moment. Immer wenn wir ein neues Format etabliert hatten, neue Mitglieder dazugestoßen sind, wir einen neuen Unterstützer aus dem Führungskreis gewinnen konnten.

? Dein wichtigster Rat für jemanden, der in einem anderen Unternehmen etwas Ähnliches (wenn auch mit anderem Ansatz/Thema) startet?

Das Dancing Guy Video auf YouTube: https://www.youtube.com/watch?v=GA8z7f7a2Pk

? Was würdest Du beim nächsten Mal anders machen?

Aktiver Leute aus der Konsumentenrolle in eine Gestalterrolle einladen. Die haben sonst das Gefühl, sie nehmen einem was weg.

Quellen- und Literaturverzeichnis

AugenhöheWorks (2015): „Augenhöhe", Vimeo, https://vimeo.com/ 118219210, abgerufen am 19.12.2019.

Awan, Shakil (2019): „Wir malen zusammen", LinkedIn, https://www. linkedin.com/pulse/lex-ist-lernspaß-pur-wir-malen-zusammen-shakil-awan/, abgerufen am 21.12.2019.

Bock, Lazlo (2016): „Work Rules! – Wie Google die Art und Weise, wie wir leben und arbeiten, verändert".

Bosch Pressemeldung, Interview mit Christoph Kübel, CHRO der Robert Bosch GmbH: https://www.bosch-presse.de/pressportal/de/de/interview-working-out-loud-bei-bosch-137280.html, abgerufen am 19.12.2019.

Brafman, Ori/Beckström, Rod (2010): „Der Seestern und die Spinne".

Bruch, Karsten vom: Interview mit brand eins 06/2019, „Man muss die Angst akzeptieren, um wachsam zu bleiben, aber sie darf nicht die letzte Instanz sein.", abgerufen am 28.03.2020.

Bull, Finn-Rasmus/Muster, Judith: „Konzerne go agile?" in managerSeminare Heft 251, Februar 2019.

Chenoweth, Erica/Stephan, Maria J. (2011): Why Civil Resistance Works: The Strategic Logic of Nonviolent Conflict.

Fukuyama, Francis (1992): „Das Ende der Geschichte".

Gabler Wirtschaftslexikon: „Unternehmenskultur", https://wirtschaftslexikon.gabler.de/definition/unternehmenskultur-49642/version-272870, abgerufen am 13.11.2019.

Gallup: „Engagement Index Deutschland", https://www.gallup.de/183104/ engagement-index-deutschland.aspx, abgerufen am 21.12.2019.

Gergs, Hans-Joachim (2016): „Die Kunst der kontinuierlichen Selbsterneuerung".

Gladwell, Malcolm (2016): „The Tipping Point: Wie kleine Dinge Großes bewirken können".

Grabs, Janina/Langen, Nina/Maschkowski, Gesa/Schäpke, Niko (2015): "Understanding role models for change: a multilevel analysis of success-factors of grassroots initiatives for sustainable consumption", Journal of Cleaner Production, 134, S. 98–111.

Granovetter, Mark (1973): „The Strength of Weak Ties", https://www.cs.cmu.edu/~jure/pub/papers/granovetter73ties.pdf, abgerufen am 20.12.2019.

Hamel, Gary (2019): „Werdet wütend!", https://www.brandeins.de/magazine/brand-eins-wirtschaftsmagazin/2017/strategie/werdet-wuetend, abgerufen am 23.12.2019.

Hamel, Gary/Zanini, Michele (2014): „Build a change platform, not a change program", https://www.mckinsey.com/business-functions/organization/our-insights/build-a-change-platform-not-a-change-program, abgerufen am 12.03.2020.

Happe, Rachel: https://communityroundtable.com/library, abgerufen am 28.03.2020.

Heim, Frank-Benjamin (2015): „Erfolgsfaktoren für Internal Corporate Venturing in Großunternehmen: Eine empirische Analyse".

Heimans, Jeremy/Timms, Henry (2018): „Die neuen Mächte".

Herbert, Oliver (2019): „Geschichtenerzähler suchen einen Namen – die #InfluBenzer Initiative bei Daimler", https://www.linkedin.com/pulse/geschichtenerz%C3%A4hler-suchen-einen-namen-die-initiative-oliver-herbert, abgerufen 20.11.2019.

Herrmann, Wolfgang (2017): „Digitale Transformation der BMW Group – Wir lösen uns von starren Hierarchien", https://www.computerwoche.de/a/wir-loesen-uns-von-starren-hierarchien,3330082,3, abgerufen am 03.12.2019.

Kahl, Gabriele (2018): Podcast, „#078 Connected Culture Club", https://gabrielekahl.com/podcast/078-connected-culture-club-mit-sylvia-scherer/, abgerufen am 03.12.2019.

Kluge, Sabine (2017): Reinventing Siemens: Tanzstunde für Elefanten, Linkedin, https://www.linkedin.com/pulse/reinventing-siemens-tanz-stunde-für-elefanten-sabine-kluge/, abgerufen am 01.12.2019.

Kotter, John P.: „Leading Change: Why Tranformation Efforts Fail", Harvard Business Review 2000.

Kruse, Peter: „BundestagTV, Peter Kruse – Revolutionäre Netze durch kollektive Bewegungen", YouTube, https://www.youtube.com/watch?-v=e_94-CH6h-o, abgerufen am 13.11.2019.

Kühl, Stefan: „Die Fassade der Organisation", https://www.uni-bielefeld.de/soz/personen/kuehl/pdf/Schauseite-Working-Paper-1_19052010.pdf, abgerufen am 24.11.2019.

Kühl, Stefan/Muster, Judith (2016): „Organisationen gestalten".

kununu: „Unternehmenskultur: Die DANN jeder Firma", https://engage.kununu.com/de/blog/unternehmenskultur-wichtig-fuer-den-erfolg-des-unternehmens/, abgerufen am 13.11.2019.

Luhmann, Niklas (1964): „Funktionen und Folgen formaler Organisationen".

Maslow, Abraham Harold: https://de.wikipedia.org/wiki/Maslowsche_Bedürfnishierarchie, abgerufen am 20.12.2019.

McAfee, Andrew (2009): „Enterprise 2.0".

Mois, Tim/Baldauf, Corinna (2016): „Sipgate: 24 Workhacks".

Monsees, Jens: Interview in Computerwoche vom 09.03.2017, Digitale Transformation der BMW Group, „Wir lösen uns von starren Hierarchien", abgerufen am 28.03.2020.

Plettner, Roman und di Lorenzo, Giovanni im Interview mit Siemens CEO Joe Kaeser in der ZEIT 6/2020: https://www.zeit.de/2020/06/joe-kaeser-siemens-chef-politik-aktivismus-klimaschutz-kohlemine-australien, abgerufen am 28.03.2020.

Raitner, Marcus (2018): „Die unterschätzte Macht der Vernetzung", https://link.springer.com/content/pdf/10.1007%2Fs42354-018-0006-5.pdf, abgerufen am 19.12.2019.

Robertson, Brian J (2016): „Holacracy".

Robson, David (2019): „The '3.5% rule': How a small minority can change the world", BBC, https://www.bbc.com/future/article/20190513-it-only-takes-35-of-people-to-change-the-world.

Sagmeister, Simon (2016): „Business Culture Design: Gestalten Sie Ihre Unternehmenskultur mit der Culture Map".

Sattelberger, Thomas: Im Interview in Der Spiegel, „Karrieren werden beim Pinkeln gemacht", 06. Juni 2011, abgerufen am 28.03.2020.

Schirmer, Harald (2016) in: „Digital Leadership" (Hrsg. Thorsten Petry).

Semler, Ricardo (1993): Das SEMCO System, Management ohne Manager.

Sivers, Derek (2010): „How to start a movement", TED, https://www.ted.com/talks/derek_sivers_how_to_start_a_movement#t-10073, abgerufen am 20.12.2019.

Smith, Adrian (2017): „Grassroots Innovation Movements".

Sohn, Gunnar: „Die Entlarvung aufgeblasener Führungskräfte", The European, 12/2015, https://www.theeuropean.de/gunnar-sohn/10579-anleitung-fuer-das-alltaegliche-machteliten-hacking, abgerufen am 01.12.2019.

Stepper, John (2015): „Working Out Loud".

Stoll, Ingo/Buhse, Willms (Agentur neuwaerts/Beratungsgesellschaft Doubleyuu): „Transformationswerk Report", https://doubleyuu.com/blog/2016/06/07/neue-studie-selbst-vs-fremdeinschaetzung-zu-digitaler-kompetenz/, abgerufen am 01.07.2016.

Taleb, Nassim (2015): Der Schwarze Schwan.

Tatje, Claas (2019): „Er warnte früh vor dem Dieselbetrug – Bericht vom Kulturkampf bei Bosch", Die ZEIT, https://www.zeit.de/2019/15/bosch-dieselskandal-ingenieur-kuendigung-karsten-vom-bruch, abgerufen am 24.11.2019.

Zijlstra, Frank: The Iceberg of Ignorance, https://www.linkedin.com/pulse/iceberg-ignorance-frank-zijlstra, abgerufen am 20.12.2019.

Über die Autoren

Die Autoren Alexander und Sabine Kluge gestalten mit ihrem Unternehmen Kluge+Konsorten digitale und kulturelle Transformationsvorhaben in Organisationen. Viele der im Buch vorgestellten Graswurzelinitiativen haben sie persönlich begleitet und beschreiben damit deren Erfolgsfaktoren nicht nur aus der beobachtenden, sondern auch aus der mitgestaltenden Perspektive.

Alexander Kluge zählt mit seinen Kernthemen rund um digitale Kommunikation, Kollaboration und Koordinierung von Geschäftsprozessen bereits seit rund 20 Jahren zu den bedeutenden Kennern, Keynote-Speakern und Autoren der Digitalszene und teilt sein Wissen auf Konferenzen und digitalen Plattformen.

Sabine Kluge gilt als eines der prominentesten Gesichter der New-Work-Szene und wurde 2019 als eine der 40 führenden HR-Köpfe ausgezeichnet (Personalmagazin). Für ihre Mitwirkung bei erfolgreichen New-Work-Projekten in traditionellen Unternehmenskulturen erhielt sie 2017 den HR Excellence Award, 2018 den Xing New Work Award und wurde für ihre vielgelesenen Blogbeiträge auf der Plattform LinkedIn mehrmals als Topvoice ausgezeichnet.